MAX SCHÖNWETTER

HANDBUCH DER OOLOGIE

HERAUSGEGEBEN UND ERGÄNZT VON

Prof. Dr. WILHELM MEISE

Zoologisches Institut und Zoologisches Museum Hamburg

Lieferung 47

AKADEMIE VERLAG

1992

Autor: Max Schönwetter
Herausgeber: Prof. Dr. Wilhelm Meise
Martin-Luther-King-Platz 3
W-2000 Hamburg 13

1. Auflage 1992

Lektorat: Christiane Grunow

ISBN 3-05-501503-7

Der Akademie-Verlag ist ein Unternehmen der VCH-Verlagsgruppe.

Gedruckt auf säurefreiem Papier

Satz: Graphischer Betrieb Gebr. Garloff GmbH, O-3018 Magdeburg
Druck: GAM-Media GmbH, W-1000 Berlin 61
Bindung: Dieter Mikolai, W-1000 Berlin 10
Printed in the Federal Republic of Germany

INHALTSVERZEICHNIS FÜR DIE LIEFERUNG 47

Register der wissenschaftlichen und der deutschen Tiernamen

(Hinweise der Seitenzahlen von Teil A mit Nachträgen und Teil C; das Register für Teil B Mathematischer Teil befindet sich S. 159–178)

aalge, Uria 282, 283, 610, 673, 675
abbotti, Psittacula 300
–, Sula 200, 201
–, Trichastoma 304
abdulalii, Accipiter 227
abyssinica, Cecropis 669
– (statt abysinica), Coracias 344
abyssinicus, Ploceus 689
Acanthis
– cannabina 671, 673
– – fringillirostris 671
– flammea cabaret 449
– – flammea 449
– flavirostris altaica 449
Acanthisitta 603
Acanthisittidae 367, 368
Acanthiza 605
– pusilla apicalis 304
– robustirostris 419
Acanthizidae 412, 420, 421
Accentor 710
Accipiter 220, 668, 696
– affinis 222
– badius 227, 353
– – badius 220
– batesi 353
– bicolor bicolor 226
– – fidens 225/6
– (bicolor) chilensis 226, 353
– brevipes 646, 647
– cooperii 220, 226
– erythronemius 226
– – erythronemius 226
– erythropus 226
– – erythropus 226
– – zenkeri 227
– francesii griveaudi 225
– gentilis 10, 646, 669, 690, 705
– – atricapillus 225
– – gallinarum 225
– gularis gularis 227
– hartlaubi 227
– madagascariensis 222, 226
– minullus 226
– – intermedius 227
– – minullus 222, 227
– – tropicalis 227
– nanus 222, 227, 353
– nisus 10, 226, 646, 662, 666
– – nisus 226
– ovampensis 227
– poliogaster 226
– rufitorques 658
– striatus erythronemius 226
– – velox 226
– trinotatus 353
– trivirgatus javanicus 225
– – layardi 225
– – microstictus 225
– – peninsulae 225
– – trivirgatus 225
– virgatus 222
– – abdulalii 227
– – affinis 227
– – gularis 227
– – nisoides 227
– – rufotibialis 227
– – virgatus 227
Accipitres 219
Accipitridae 219, 259, 603, 684, 695, 714
Accipitrinae 220
accipitrinus, Deroptyus 298
Aceros narcondami 345, 358
Acrocephalus 411, 605, 608, 646, 681, 684, 705, 714
– aedon 473
– – stegmanni 473
– aequinoctialis 413, 417, 430
– agricola agricola 688
– – haringtoni 688
– – hokrae 688
– – stevensi 688
– arundinaceus 309, 413, 448, 668, 671, 695
– – arundinaceus 307, 309
– – orientalis 309
– brevipennis 473

- concinens, früher agricola 688
- dumetorum 673
- familiaris 413
- gracilirostris 473
- paludicola 688
- palustris 307, 308, 413, 671, 672, 673, 693
- rufescens senegalensis 473
- schoenobaenus 435, 673
- scirpaceus 307
- vaughanii kaoko 413, 417, 430
Acrochordopus 428
Acryllium 244
Actinodura 665, 681
- waldeni 430
Actitis 603, 647, 710
Actophilornis albinucha 258, 354
acuminuta, Erolia 264, 266
acuta, Anas 213, 465
acutipennis, Chordeiles 676
acutirostris, Calandrella 674
adamauae, Francolinus 247
adansoni, Excalfactoria 686, 687
adela, Oreotrochilus 337, 357
adeliae, Pygoscelis 187, 188, 463
Adler 220, 223, 604, 667, 670, 684
adoxa, Ardea 207
adsimilis, Dicrurus 304, 309, 468
adspersus, Francolinus 243, 247
adusta, Muscicapa 422, 424
Aechmolophus 369
- mexicanus 372
aedon, Acrocephalus 473
-, Phragamaticola 473
-, Troglodytes 396, 398, 674, 693
Aegintha 605
Aegithalidae 432, 457
Aegithaliscus concinnus 603
aegithaloides, Leptosthenura 362
Aegithalos concinnus 665
Aegithina 310, 392, 603, 663
- tiphia 310, 665, 689
- - philipsi 392
- - scapularis 304
- - tiphia 691
Aegolius funereus sibiricus 324
Aegotheles 603, 669, 705, 716
Aegypiinae 220
Aegypius 668, 680, 682, 683
- monachus 223, 646
aegyptiacus, Alopochen 609
aegyptius, Pluvianus 268
aenea, Chaptia 693, 696
-, Chloroceryle 341
-, Ducula 286
-, Glaucis 333
aeneus, Molothrus 416, 436, 441, 445, 686
-, Tangavius 686
Aepyornis 180, 184, 462, 638, 647, 649, 709
- grandidieri 184
- maximus 184
- medius 184
- titan 184
Aepyornithidae 183, 184
Aepyornithiden 183
Aepyornithiformes 184
Aepypodius 240
- arfakianus 241
aequatorialis, Apus 332, 356
-, Erithacus 401, 404
-, Heliodoxa 337
-, Lybius 346, 347
-, Sheppardia 401, 404, 429
-, Streptopelia 289
aequinoctialis, Acrocephalus 413, 417, 430
-, Procellaria 198
Aerodromus (recte Aerodramus) fuciphagus 331
Aeronautes andecolus andecolus 468
- - parvulus 333
aeruginosus, Circus 224, 232, 459, 669, 690
aesalon, Falco 234, 239, 646, 647
aestiva, Amazona 298
aethereus, Phaethon 200
Aethia pusilla 281, 284
aethiopica, Threskiornis 212
Aethopyga 310, 433, 434
- siparaja 310
- - beccarii 316, 348, 433, 434
- - seheriae 312, 433
afer, Euplectes 453
-, Nilaus 392
-, Pternistis 247
-, Ptilostomus 668
-, Sphenoeacus 413, 417
affinis, Accipiter 222, 227
-, Aythya 213
-, Cacicus 446
-, Corvinella 393
-, Empidonax 372
-, Glaucis 333
-, Nyroca 213
-, Prinia 311, 676, 692
-, Pycnonotus 429
-, Sarothrura 255, 256
-, Suiriri 374
-, Sylvia 413
-, Turdoides 304, 305
-, Tyto 320
afra (recte afer), Euplectes 453
africana, Luscinia 401, 404
-, Mirafra 378, 380
africanoides, Mirafra 380
africanus, Buphagus 455
-, Gyps 232
-, Phalacrocorax 205
-, Pseudogyps 232
-, Rhinoptilus 268, 693

–, Sphenoeacus 668
Afropavo 244
– congensis 244, 249
agami, Agamia 209
Agamia agami 209
Agapornis lilianae 669
– nigrigenis 609
– pullaria ugandae 300
– roseicollis catumbella 300
Agelaius 681
– cyanopus 444
– fulvicapillus (recte ruficapillus) 444
– neutralis 696
– phoeniceus 461
– – phoeniceus 446
– ruficapillus ruficapillus 444, 446
– thilius 693
– xanthomus 445
Agelastes 245
agile, Dicaeum 677
Aglaeactis cupripennis caumatonotus 337
Aglaiocercus kingi 338, 357
agricola, Acrocephalus 688
Agriornis 368
– andicola albicauda 427
– montana montana 368, 370
aharoni, Calandrella 382
aidabranus (recte aldabranus), Nesillas 417
aigneri, Lobivanellus 260
Ailuroedus 692
– viridis 684
Aimophila ruficeps australis 437
– stolzmanni 435, 437
– strigiceps strigiceps 437
Aix 216, 245
akahige, Luscinia 672
akeleyi, Ammomanes 381
Alaemon 675
– alaudipes desertorum 381
Alauda 664, 677, 710
– arvensis 610, 668, 673
– – arvensis 380, 382
– – lunata 382
– gulgula 382
– – inopinata 675
– – lhamarum 380
Alaudidae 378, 646, 651, 680, 681, 682, 685, 696
alaudina, Coryphistera 696
alaudipes, Alaemon 381
alba, Ardea 208
–, Chionis 269, 693
–, Ciconia 646
–, Crocethia 610
–, Eremophila 431
–, Guara 211, 684, 699
–, Gygis 280
–, Kakatoe 609
–, Motacilla 10, 308, 385, 459, 646, 647, 663, 671, 673, 682
–, Tyto 320, 321, 647
Albatrosse 607, 713
albescens, Certhilauda 381
–, Pterocnemia 182
albicapillus, Spreo 305
albicauda, Agriornis 427
–, Mirafra 429
albicaudatus, Buteo 227, 666
albicilla, Haliaeetus 231, 691
albicincta, Streptoprocne 331
albicollis, Ficedula 679
–, Leucopternis 221, 222, 229, 234
–, Nyctidromus 327, 693
–, Pipilo 436
–, Porzana 255
–, Saltator 440
–, Turdus 409
albida, Eudromia 463
albidorsalis, Thalasseus 279
albidus, Spilornis 233
albifacies, Todirostrum 428
albifrons, Anser 464, 465
–, Eremopterix 381
–, Henicophaps 289, 355
–, Pithys 265, 366, 427
–, Serinus 448, 449
–, Sterna 279, 675
albigula, Buteo 229, 353
–, Upucerthia 361
albigularis, Automolus 427
–, Falco 238
–, Hirundo 383, 384
–, Laterallus 255, 705
–, Smithornis 315, 359
albilinea, Tachycineta 383
albilineata, Meliphaga 434, 435, 457
albilora, Synallaxis 427
albiloris, Polioptila 412, 416, 445
albinucha, Actophilornis 258, 354
–, Xenopsaris 373, 374
albionis, Uria 283
albipectus, Trichastoma 409, 410, 430
albipennis, Penelope 241, 354
albirostris, Cinclodes 362
–, Galbula 345, 358
albiventer, Phalacrocorax 204, 205
albiventris, Myiornis 428
albivitta, Procelsterna 272
albofrontata, Gerygone 420
albogularis, Garrulax 657
–, Nesofregetta 199
–, Phalcoboenus 466
albolimbatus, Butorides 208
alboniger, Spizaetus 223, 230, 353
albonotatus, Caprimulgus 326
albosignata, Eudyptula 191
albospecularis, Copsychus 401, 404

– (recte albosuperciliaris), Phylloscopus 412
albospeculatus, Malurus 415, 419, 430
albovittata, Conopias 372
albus, Casmerodius 208, 461
–, Eudocimus 211
–, Porphyrio 251
Alca 608, 647, 660, 665, 671, 686, 689
– torda 673, 693
– – torda 282
Alcedinidae 341, 599, 600, 629, 640, 679, 703, 704, 713
Alcediniden 648, 649
Alcedo 600, 640, 684
– atthis 625
– – pallasii 341
– coerulescens 341
– euryzona euryzona 341
– leucogaster batesi 341, 357
– meninting meninting 341
alchata, Pterocles 698
Alcidae 280, 603, 638, 667, 679, 681, 694, 695
alcinus, Machaerhamphus 221, 224
Alcippe 310, 658, 660
alcyon, Ceryle 341, 692
aldabranus, Nesillas 417
aldabrensis, Fregata 205, 206
Alectoris 242, 629, 633, 646, 702
– graeca graeca 687
– – magna 609
– lathami 637
– rufa 691
– – hispanica 246
– – laubmanni 687
– – rufa 687
Alectroenas pulcherrimus 286
Alectrurus tricolor 369, 371, 427
Alectura 240
Alethe choloensis 472
– diademata 472
– – castanea 401
– – woosnami 401, 404
– fuelleborni usambarae 472
aleuticus, Ptychoramphus 284
alexandri, Apus 468
–, Psittacula 300
alexandrinus, Charadrius 261, 664, 673, 675, 693
alexinae, Schoenicola 416
algeriensis, Ammomanes 677
alinae, Eriocnemis 357
Alisterus amboinensis amboinensis 300
– – hypophonius 292
– – sulaensis 292, 300
Alken 282, 609, 637, 638, 640, 645, 651, 664, 676, 684, 713
Alle alle 281
– – alle 281, 282
alle, Alle 281, 282
–, Plautus 281, 282, 647
Allocotopterus 426
Alopochen aegyptiacus 609
Alpensegler 332
alpestris, Eremophila 382, 675
alpina, Erolia 267, 462, 610, 677
–, Muscisaxicola 368, 371
alpinus, Picoides 352
altaica, Acanthis 449
–, Luscinia 403
altaicus, Charadrius 260
altera, Pachyptila 464
althaea, Sylvia 413
alticola, Anas 216
–, Anthus 387
–, Catharus 407
–, Charadrius 261, 354
–, Montifringilla 452
Altweltgeier 220, 223
aluco, Strix 321, 324, 628
amabilis, Amazilia 335, 357
–, Domicella 355
–, Trichastoma 304
amadoni, Lampornis 336
Amandava subflava clarkei 450
– – subflava 450
amaurocephala, Nonnula 358
Amaurodryas 421
Amaurolimnas concolor castaneus 254
– – guatemalensis 251, 254
Amaurornis olivacea moluccana 256
Amazilia amabilis 335, 357
– amazilia dumerilii 336, 337
– beryllina beryllina 336, 357
– boucardi 335, 357
– candida candida 335, 357
– cyanocephala cyanocephala 336
– rutila rutila 336, 357
– violiceps wagneri 336
– – violiceps 336, 357
– viridifrons 336
– viridipallens 357
amazilia, Amazilia 336
Amazona aestiva aestiva 298
– autumnalis autumnalis 297, 355
– – salvini 297
– barbadensis barbadensis 298, 355
– brasiliensis 297, 355
– dufresniana rhodocorytha 297, 355
– farinosa farinosa 298
– – guatemalae 298
– – inornata 298
– festiva bodini 298, 355
– guildingii 298, 355
– imperialis 298, 355
– leucocephala bahamensis 297
– ochrocephala ochrocephala 298
– – panamensis 298
– pretrei tucumana 297, 355

- ventralis 297, 355
- xantholora 297, 355
- xanthops 298
Amazonetta 216
- brasiliensis 216
- brasiliensis brasiliensis 216
ambigua, Nothoprocta 186
-, Streptopelia 288
Amblycercus 681
amboinensis, Alisterus 292, 300
ameliae, Macronyx 696
americana, Anas 213
-, Aythya 213, 465
-, Grus 250
-, Mareca 213
-, Mycteria 211
-, Nyroca 213, 465
-, Rhea 182
americanus, Anous 280
-, Coccyzus 303, 313
-, Daptrius 234
-, Mergus 218
-, Numenius 264
amethysticollis, Heliangelus 337, 357
amethystinus, Lampornis 336, 357
Ammerfink 445
Ammodramus aurifrons tenebrosus 437
- humeralis 676
- - xanthornus 437
- maritimus 673
Ammomanes 675
- deserti 677, 678
- - akeleyi 381
- - algeriensis 677
- - erythrochroa 677
- grayi 378, 379, 380, 429
- - grayi 379, 381
- heyi cholmleyi 678
amnicola, Locustella 430
Amoropsittace aymara 296
ampelinus, Hypocolius 668
Ampelion 665
- rufaxilla 375, 377
- stresemanni 376, 377
Amphibien 617, 639
Amphispiza 676
- bilineata bilineata 688
- - nevadensis 688
Ampilais 430
amplus, Carpodacus 688
Amsel 408, 472, 604, 672, 677, 688, 701
amurensis, Falco 235
Amyda gangetica 630
Amytornis 412
- goyderi 415, 419
- purnelli 415, 430
- - purnelli 419
- striatus 415
- textilis modestus 415
anaethetus, Sterna 603
Anairetes 428
- flavirostris flavirostris 373
Anarhynchus 664
- frontalis 663
Anas 591, 641, 645, 684, 690, 709
- acuta 213
- - drygalskii 465
- - eatoni 465
- americana 213
- angustirostris 646, 647
- brasiliensis 216
- - ipecutiri 216
- castanea 216
- clypeata 213
- crecca 216, 646, 647, 689, 690
- cyanoptera (statt cyanopterus) cyanoptera 216
- - septentrionalis 216
- discors 213, 465
- eatoni drygalskii 465
- - eatoni 465
- flavirostris 218
- - flavirostris 217
- gibberifrons gibberifrons 216
- leucophrys 216, 353
- luzonica 215, 353
- platyrhynchos 213, 237, 460, 671, 690, 700
- - conboschas 215
- - platyrhynchos 213, 215
- poecilorhyncha 700
- querquedula 605, 646, 647
- rubripes 215
- specularioides alticola 216
- spinicauda 217, 218
- strepera 213, 638
Anatidae 640, 679, 680
Anatiden 212, 633, 646, 647, 649, 671, 675, 713
Anatinae 462
anatum, Falco 234, 238
anchietae, Stactolaima 346
andaecola, Upucerthia 362, 426
Andalusierhühner 700
andamanensis, Corvus 673
andecolus, Aeronautes 333, 468
-, Apus 333, 356, 468
anderssoni, Machaerhamphus 221, 224
-, Struthio 180
andicola, Agriornis 427
-, Leptasthenura 359, 362
Andigena bailloni 347, 348
andina, Capella 265
andrewsi, Protoceratops 618
Andropadus 715
- curvirostris 389, 391
- importunus 304, 305
angolensis, Francolinus 246
-, Oryzoborus 439

–, Pitta 367, 368
–, Ploceus 458
anguitimens, Eurocephalus 393, 668, 688
angulata, Gallinula 253
angustirostris, Anas 647
–, Lepidocolaptes 361
–, Phytotoma 378
–, Todus 343, 358
Anhimidae 679
Anhinga 599, 633, 669, 670, 694
– anhinga 206
– – leucogaster 206
– cornuta 212
– rufa 634
anhinga, Anhinga 206
Anhingidae 679, 703
Ani 710, 711
ani, Crotophaga 303, 603, 640, 709, 710
ankoberensis, Serinus 448, 449, 457
anna, Calypte 238
annae, Leptopterus 395
–, Psamathia 412, 680
Anodorhynchus glaucus 294, 355
– hyazinthinus 294, 355
– leari 294, 355
Anomalophrys 259
– superciliosus (statt supersiliosus) 261, 354
Anomalopteryx didiformis 183
– oweni 183
anonyma, Cisticola 418
Anous 272, 603, 640
– minutus 693
– – americanus 280
– – atlanticus 280
– – diamesus 280
– – worcesteri 280
– stolidus 272
– – stolidus 280
– tenuirostris 280
– – atlanticus 272
– – melanops 280
anselli, Centropus 320, 356
Anser 638, 641, 647, 658, 684, 704
– albifrons albifrons 464
– – flavirostris 464
– – frontalis 465
– anser 214, 215, 462, 600, 630, 684, 706, 710
– – anser 214
– – rubrirostris 214
– caerulescens 213, 214
– – atlanticus 464
– – caerulescens 213
– indicus 214, 465
– rossii 213, 214
anser, Anser 214, 215, 462, 600, 630, 684, 706, 710
Anseriden 706
Anseriformes 212, 464
ansorgei, Pycnonotus 429
antarctica, Catharacta 269
–, Priocella 195
–, Pygoscelis 463
antarcticus, Anthus 386, 388, 429
–, Stercorarius 270
Anthipes 420
Anthocichla 367
Anthoscopus musculus 432
anthracinus, Buteogallus 220, 466
Anthreptes malaccensis 665
– pallidigaster 433, 457
Anthus 647, 664, 666, 682, 705
– antarcticus 386, 387, 429
– campestris 671, 673
– georgicus 386
– godlewskii (statt godlewski) 386, 387, 429
– gustavi gustavi 387
– – menzbieri 387
– leucophrys zenkeri 386
– lineiventris 471
– lutescens parvus 386, 388
– novaeseelandiae rufulus 387
– – sinensis 386
– pratensis 308, 673, 690, 695
– similis nicholsoni 387
– spinoletta 386, 646
– – alticola 387
– – coutelli 388
– – littoralis 388
– – pacificus 387
– – petrosus 386, 673
– trivialis 385, 664, 667, 672, 673, 674, 688, 689, 694, 695
– – trivialis 387
antillarum, Buteo 228
–, Podilymbus 193
antipodes, Megadyptes 190
antiquus, Synthliboramphus 281, 284
antonii, Sarothrura 255
Anurophasis 354
– monorthonyx 242, 246
Apalis 347, 412
– flavida neglecta 414, 418
– karamojae 431
– melanura 430
– thoracica arnoldi 418
Apaloderma 684
– narina 680
Aphanapteryx bonasia 251
– leguati 251
Aphelocephala pectoralis 415, 419, 430
Aphelocoma 681
– ultramarina arizonae 684
apia, Leucotreron 286
apiaster, Merops 669
apicalis, Acanthiza 304
Aplonis 681
– tabuensis brevirostris 658

apoda, Paradisaea 673
Apodidae 330, 679, 716
Apodiformes 330, 468
apoensis, Collocalia 330
apricaria, Pluvialis 610, 673
apricus, Ramphocelus 441
Aptenodytes 600, 603, 607, 649, 684
– forsteri 187, 188
– patachonicus 187
Apterygidae 183, 185, 679
Apteryx 460, 603, 604, 608, 621, 649, 684, 697
– australis mantelli 462
apurensis, Cranioleuca 363
Apus 654, 684
– aequatorialis aequatorialis 332, 356
– – bradfieldi 332
– andecolus andecolus 333, 356, 468
– – parvulus 333
– apus 190, 330, 332, 333, 453
– – apus 332
– – niassae 333
– bradfieldi 332
– horus 356
– melba 669
– – melba 332
– niassae 332
– schoutedeni 356
– toulsoni 356
– unicolor alexandri 468
apus, Apus 190, 330, 332, 333, 453
aquaticus, Cinclus 669
–, Rallus 233, 673, 687
Aquila 646, 647, 658, 668
– chrysaetos 646, 647, 691, 698
– – canadensis 231
– – fulva 230
– clanga 220
– nipalensis nipalensis 231
– – orientalis 231
– pomarina 223, 230, 666, 709
– rapax 220, 223
– – nipalensis 231
– – orientalis 231
– spec. 609
– verreauxii 223, 231
aquila, Eutoxeres 334, 356
–, Fregata 205, 206
aquilonis, Chondrohierax 224
Ara nobilis cumanensis 295, 355
– rubrogenys 295, 355
– spixii 295, 355
araca (recte araea), Falco 354
aracari, Pteroglossus 347, 348, 358
Arachnothera 603, 654, 694, 704
– longirostris 312, 603, 665
– magna 304, 680, 683, 695
aradus, Cyphorhinus 429
araea, Falco 240, 354
Aramidae 680, 681
Aramus 649, 658, 715
aranea, Gelochelidon 276
Aratinga astec nana 295
– auricapillus 355
– – auricapillus 295, 355
– – aurifrons 295
– canicularis canicularis 295
– euops 295, 355
– guarouba 295
– holochlora holochlora 295
– jandaya 295, 355
– mitrata mitrata 295, 355
– nana 295, 355
– pertinax surinama 295
Araucanos-Huhn 672, 700
Araukaner-Hühner 245
arborea, Lullula 673
Arborophila 243, 248, 654, 677, 684, 692
– mandellii 248
– torqueola millardi 248
– – torqueola 248
arcanus, Ptilinopus 354
archeri, Cossypha 401, 404, 429
–, Heteromirafra 381
arctica, Gavia 191, 594
arcticus, Cepphus 283
–, Pipilo 686
arcuata, Emberiza 688
arcuatus, Ornitholithus 257, 258
Ardea 629, 641, 651, 660, 684, 696, 714
– alba 208
– cinerea 206, 605, 609, 669
– – cinerea 207
– – jouyi 207
– – monicae 207
– –rectirostris 207
– goliath 604
– herodias adoxa 207
– – herodias 207
– – treganzai 207
– humbloti 206, 353
– imperialis 207
– insignis 207
– pupurea 609, 646
– sumatrana 605
Ardeidae 462, 605, 679, 680, 681, 716
Ardeola bacchus 208
– idae 208, 353
– rufiventris 208
Ardeotis australis 258
– nigriceps 603
ardesiaca, Egretta 208
–, Melaenornis 421, 424
–, Melanophoyx 208
ardesiacus, Dysithamnus 469
Ardetta involucris 680
ardosiaceus, Turdus 408

Arenaria interpres 262, 263, 647
– – interpres 265
– – morinellus 263
arenicola, Streptopelia 288
–, Toxostoma 686
arfakianus, Aepypodius 241
argentatus (statt argentauris), Ceyx 357
–, Larus 253, 270, 272, 273, 274, 275, 609, 629, 646, 672, 673, 674, 676, 683
argenteus, Larus 272, 273
argentina, Melanopareia 715
–, Muscisaxicola 368, 371
–, Pseudoseisura 360
argentinus, Empidonax 369, 372
argus, Argusianus 244
Argusfasan 244
Argusianus 353, 669
– argus argus 244
– – grayi 244
Argya 410
argyrotis, Penelope 241
ariel, Fregata 205, 206
aristotelis, Phalacrocorax 203, 204
Arizelocichla 391
arizonae, Aphelocoma 689
–, Caprimulgus 686, 687
–, Dendrocopos 352
–, Picoides 352
armata, Merganetta 213, 218
arminjoniana, Pterodroma 196, 198
arnaudi, Pseudonigrita 451, 452
arnoldi, Apalis 418
arquata, Numenius 262
arquatrix, Columba 287
Arremonops rufivirgatus crassirostris 439
Artamidae 651, 680
Artamus cinereus hypoleucus 665
artemisiae, Molothrus 445, 446
Artisornis 411
arturi, Nectarinia 434, 688
aruensis, Geoffroyus 299
arundinaceus, Acrocephalus 307, 309, 413, 448, 668, 671, 695
Arundinicola leucocephala 444
arvensis, Alauda 380, 382, 610, 668, 673
ascensi, Macronyx 385, 386
ascensionis, Phaethon 200
ascensor, Xiphorhynchus 361
ashbyi, Cacatua 294
ashi, Mirafra 429
asiatica, Branta 214
–, Eupoda 260
–, Nectarinia 310
–, Perdicula 243
Asio 604, 641, 669
– flammeus galapagoensis 324
asio, Otis 321, 322
aspasia, Nectarinia 420
assimilis, Cacatua 294
–, Microeca 424
–, Molothrus 416, 441
astec, Aratinga 295
Asthenes 360
– cactorum cactorum 364, 427
– – lachayensis 364
– dorbignyi dorbignyi 360, 363
– modesta cordobae 364
– – modesta 363
– patagonica 363
– sclateri 364, 426, 427
– steinbachi 363, 427
– wyatti lilloi 426
– – punensis 426
astrild, Estrilda 450
Asturina nitida 220
– – blakei 229
– – costaricensis 229
atacamensis, Cinclodes 362
Atalotriccus pilaris 373
ater, Daptrius 234, 236
–, Molothrus 416, 445, 446
–, Parus 646, 647
ateralbus, Centropus 302
aterrimus, Phoeniculus 345, 358
–, Probosciger 603, 605
Athene 669
– noctua 647
– – bactriana 324
atlanticus, Anous 272, 280
–, Anser 464
–, Chen 464
atlantis, Cepphus 283
Atlapetes melanocephalus 439
– pileatus pileatus 439
atra, Chalcopsitta 292, 355
–, Fulica 253, 257, 647, 691, 703
atrata, Chenopis 683
atratus, Coragyps 219
atricapilla, Heteronetta 216
–, Sylvia 459, 646, 671, 673, 674, 689, 692, 694
atricapillus, Accipiter 225
–, Donacobius 399, 680, 683
–, Otus 669
–, Parus 432
–, Vireo 686
atriceps, Phalacrocorax 204, 205
–, Phrygilus 435, 437
–, Saltator 440
Atrichornithidae 367, 680
atricilla, Larus 274, 275, 461
atricollis, Ortygospiza 451
atrifrons, Charadrius 261
–, Odontophorus 354
atrimentalis, Phaethornis 334
atrinucha, Thamnophilus 366
atripennis, Caprimulgus 326, 328, 664, 688

atrocaerulea, Hirundo 383, 384
atrochalybeia, Terpsiphone 311, 423, 425, 430
atrococcineus, Laniarius 306
atrogularis, Orthotomus 673
–, Prosopeia 300
–, Prunella 400
–, Serinus 448
–, Spizella 686
atropurpurea, Xipholena 376, 377
Attagis gayi 268, 693
- malouinus 268, 354
atthis, Alcedo 341, 625
Attila 368, 375, 428, 665
audax, Troglodytes 396, 398
audeberti, Pachycoccyx 306, 314, 393
audouinii, Larus 272
Auerhuhn 594, 608, 702
Augasma cyanoberyllina 357
- smaragdinea 357
augur, Buteo 223
augustaevictoriae, Paradisaea 673
Aulacorhynchus prasinus prasinus 348, 358
aura, Cathartes 219, 687
aurantiacus, Casuarius 182
aurantiiventris, Trogon 340, 357
auratus, Colaptes 349
aureola, Emberiza 646
aureopectus, Pipreola 377
aureus, Turdus 673
–, Zoothera 673
auricapilla, Aratinga 295, 355
auricularis, Myiornis 313
–, Puffinus 196
auriculata, Zenaidura 288
aurifrons, Ammodramus 437
–, Aratinga 295
–, Bolborhynchus 296
–, Chloropsis 471
–, Psilopsiagon 296
aurigaster, Pycnonotus 389, 391
Auriparus 412, 681, 685
- flaviceps 677, 715
aurita, Heliothryx 338
–, Zenaida 288
auritus, Phalacrocorax 203
aurorae, Ducula 286, 354
auroreus, Phoenicurus 652, 681
auspicabilis, Bubo 323
australis, Aimophila 437
–, Apteryx 462
–, Ardeotis 258
–, Cryptospiza 688
–, Eopsaltria 424
–, Megalaima 346
–, Melittophagus 344
–, Merops 344
–, Miro 420, 422, 424
–, Oxyura 213
–, Pyrrhura 296
–, Struthio 180, 461, 700
–, Tchagra 393
–, Treron 286
–, Tyranniscus 428
australoabyssinicus, Pseudonigrita 451, 452
Automolus albigularis 427
- rectirostris 360
- roraimae 427
autumnalis, Amazona 297, 355
averano, Procnias 377
Aviceda cuculoides madagascariensis 221, 224
axillaris, Saxicola 690
aymara, Amoropsittaca 296
–, Bolborhynchus 296
ayresii, Hieraaetus 223, 230
Aythya affinis 213
- americana 213, 465
- ferina 213
- fuligula 213, 217, 600
- nyroca 605
- valisineria 465
azorica, Columba 287

Babax 685
babylonicus, Falco 234
bacchus, Ardeola 208
bachmanii, Vermivora 686
Bachstelzen 684
bactriana, Athene 324
badeigularis, Spelaeornis 430
badius, Accipiter 220, 227
–, Lanius 673
–, Molothrus 444, 447
–, Phodilus 321
bahamensis, Amazona 297
bailloni, Andigena 347, 348
–, Loxioides 443
–, Puffinus 196
bairdi, Geothlypis 442
–, Parareomyza 443
bairdii, Calidris 263, 266
–, Erolia 263, 266
–, Trogon 340
bakeri, Cuculus 309, 687
Balaeniceps 679, 684, 714
- rex 704
balcanica, Eremophila 431
balcanicus, Dendrocopos 351
Balearica 250, 668, 685, 704
ballioni, Luscinia 401, 404
baltimore, Icterus 684, 693
bamendae, Pycnonotus 389, 391
bancrofti, Nyctanassa 210
bangsi, Cuculus 687
–, Oceanodroma 199
bankiva, Gallus 248

banksii, Calyptorhynchus 603
barakae, Trichastoma 409, 410
baraui, Pterodroma 353
barbadensis, Amazona 298, 355
barbata, Erythropygia 400, 403, 429
Barbatula 669, 704
barbatus, Criniger 390, 392
–, Gypaetus 232
–, Laniarius 429
–, Pycnonotus 305, 309, 391, 471
barklyi, Coracopsis 299
bartelsi, Caprimulgus 327, 329
–, Collocalia 330
–, Spizaetus 230, 353
Bartkauz 321
Bartmeise 642
Bartstreifenweber 702
Bartvögel 347, 676
basalis, Chalcites 303, 310, 693, 694
Basileuteris conspillatus 443
– flaveolus 442
basilica, Ducula 286
bassana, Sula 201
bassanus, Morus 200, 201
Baßtölpel 201
bassus, Spilornis 233
Batara 704
– cinerea 665
batesi, Accipiter 353
–, Alcedo 341
–, Caprimulgus 329
–, Zoothera 402, 406
Bathmocercus 411
Batis minima ituriensis 430
– pririt 310
Batrachostomus javensis javensis 324
– moniliger 603
baudii (errore baudi), Pitta 427
baudinii, Calyptorhynchus 293
Baumläufer 621
bauri, Nesomimus 399
beccarii, Aethopyga 316, 348, 433, 434
beecheii, Cissilopha 456, 684
beicki, Calandrella 382
belcheri, Halobaena 198
bella, Charmosyna 293
Belonopterus 605
– chilensis fretensis 260
bendirei, Falco 239
bengalensis, Pseudogyps 709, 710
–, Psittacula 300
–, Thalasseus 279
bennetti, Campethera 350
benschi, Monias 249, 284
bensoni, Pseudocossypha 429
bentet, Lanius 304, 666
Berghänfling 701
bergii, Thalasseus 279
berigora, Falco 234
bernicla, Branta 691
Bernieria madagascariensis 680
bernsteini, Centropus 303
–, Eos 292
–, Sterna 354
–, Thalasseus 354
beryllina, Amazilia 336, 357
bethunei, Sterna 278
Beutelmeise 608
bewickii, Cygnus 647, 649
bewsheri, Turdus 403, 407, 430
bianchii, Phasianus 248
biarmicus, Falco 234, 237
Bias 421
bicalcaratus, Francolinus 247, 683
bicinctus, Hypnelus 345
–, Pterocles 667, 676, 684, 704
bicknelli, Catharus 677
bicolor, Accipiter 226
–, Conirostrum 442, 443
–, Cyanophaia 335
–, Petroica 660, 665, 680
–, Ploceus 452
–, Speculipastor 305
–, Tachycineta 383
–, Trichastoma 410
–, Turdoides 628
bidentata, Piranga 441
bidentatus, Harpagus 222, 225, 353
–, Lybius 346, 347, 358
Bienenfresser 628, 637, 658, 676
bifasciata, Oenanthe 676
bifrontatus, Charadrius 260, 261
bilineata, Amphispiza 688
billitonis, Megalaima 346
bilopha, Heliactin 338
bimaculata, Gallicolumba 290
Birkenzeisig 701
Birkhahn 702
Birkhuhn 702
biroi, Ornitholithus 257
bishopi, Moho 457
bistriatus, Burhinus 267
bivittatus, Python 698
Biziura 603, 633
– lobata 213
blakei, Asturina 229
–, Buteo 229
blakistoni, Ketupa 323, 356
Blauelster 642
Blaumeise 604
Blauracke 714
Bleda canicapilla 390, 391, 429
– eximia notata 390, 391, 429
– syndactyla 376
Bodenbrüter 650
bodini, Amazona 298

böhmi, Francolinus 683
–, Mearnsia 332
–, Pternistis 683
–, Sarothrura 255
bojeri, Ploceus 673, 689
Bolborhynchus aurifrons rubrirostris 296
– aymara 296
– lineola lineola 296, 355
boliviana, Nothura 462
bolivianus, Myioborus 442
–, Thinocorus 269
Bombycilla 646, 665, 680, 710
– cedrorum 395
– garrulus 673, 682
Bombycillidae 395, 413, 680
Bombylonax breweri 344
bonapartei, Coeligena 337, 357
–, Gymnobucco 346
bonariensis, Molothrus 360, 371, 438, 444, 445, 446, 447, 673, 689
bonasia, Aphanapteryx 251
–, Tetrastes 242
borealis, Buteo 220, 228
–, Cettia 416
–, Numenius 264
–, Puffinus 195, 196
borin, Sylvia 646, 673, 674, 675, 695
bornea, Eos 292, 355
borneensis, Ninox 324
borneonense, Dinopium 350
bottegi, Francolinus 243
boucardi, Amazilia 335, 337
–, Crypturellus 185, 186
bougainvillii, Phalacrocorax 204
bourcierii, Eubucco 346, 358
bourkii, Neophema 292
bouvronides, Sporophila 438
Bowdleria 411
boweni, Glareola 269
braccatus, Trogon 340
Brachvögel 714, 715
brachydactyla, Calandrella 379, 677
–, Certhia 433
–, Struthio 180
brachyptera, Cisticola 412
–, Gallinula 604/605
brachypterus, Tachyeres 465, 466
Brachypteryx 665, 680, 693
– cryptica 429
– leucophrys 676
– montana 676
– nipalensis nipalensis 304
brachypus, Pyrrhocorax 456
Brachyramphus 603, 681, 684
– brevirostris 281, 282, 284
– hypoleucus 281, 689, 693
– marmoratus 281, 282
– – marmoratus 282, 284
– – perdix 282
brachyrhyncha, Egretta 209
–, Mesophoyx 209
brachyrhynchos, Corvus 673
brachyura, Camaroptera 414, 419
–, Chaetura 330, 332
brachyurus, Buteo 229
–, Micropternus 350
bradfieldi, Apus 332
–, Francolinus 243, 247
Bradornis 681, 685
– microrhynchus 421, 424
– pallida 679
Bradypterus 310, 430
– tacsanowskius tacsanowskius 412
Brahmahahn 700
Brahmahuhn 684, 700
Brahminenweih 220
brandti, Eremophila 382
branickii, Lampraster 357
–, Theristicus 353
Branta 647
– bernicla 691
– canadensis asiatica 214
– – fulva 214
– – interior 215
– – leucopareia 214
– – maxima 214
– – minima 214
– – moffitti 214
– ruficollis 215
brasilianum, Glaucidium 323
brasilianus, Phalacrocorax 203
brasiliensis, Amazona 297, 355
–, Amazonetta 216
–, Anas 216
–, Circus 684
Braunkehlchen 672
brevicaudata, Camaroptera 347, 419
brevipennis, Acrocephalus 473
–, Calamocichla 413, 417, 430, 473
brevipes, Accipiter 646, 647
–, Heteroscelus 262, 264
–, Tringa 265
brevirostris, Aplonis 658
–, Brachyramphus 281, 282, 284
–, Galbula 345
–, Lagopus 242
–, Pericrocotus 389
–, Pterodroma 198
–, Rhynchocyclus 369, 373
–, Schoenicola 412, 417
–, Sublegatus 374
breweri, Bombylonax 344
brewsteri, Egretta 209
–, Leucophoyx 209
–, Sula 202
bridgesi, Penelope 467

britannica, Tringa 264
Bronzemännchen 701
Brotogeris jugularis jugularis 296
– versicolurus chiriri 669
browni, Reinwardtoena 288
brunnea, Netta 217
brunneicauda, Microeca 422, 604
brunneicollis, Troglodytes 398
brunneipygia, Drymoedes 604
brunnescens, Cisticola 473
–, Phleocryptes 360, 362
–, Pipilo 439
brunnicephalus, Larus 270, 275, 684
brunniceps, Myioborus 442, 457
Bubo 669
– bubo 689
– – auspicabilis 323
– – bubo 322
– – hemichalana 323
– – hispanus 323
– – tibetanus 323
– – ussuriensis 323
– virginianus nacurutu 468
– – virginianus 322
bubo, Bubo 322, 323, 689
Bubulcus ibis ibis 208, 464
bubutus, Centropus 319
Bucconidae 679
Bucephala 679
– clangula 647, 659
– – clangula 217
– islandica 646, 647
Buceros 599, 603, 635, 636, 637, 640, 641, 684
Bucerotidae 599, 679
buchanani, Turdoides 678
Buchfink 448, 674, 702
buckleyi, Micrastur 353
–, Odontophorus 246
budongensis, Smithornis 359
Bündelnister 658
buergersi, Pitohui 423, 426
Buettikoferia 411
buffoni, Circus 684
bulleri, Puffinus 196, 198
bulliens, Cisticola 412
Bulweria 603, 646
– bulwerii 197
bulwerii, Bulweria 197
Buntspecht 677
Buphagus 148, 237, 679, 714
– africanus 455
– erythrorhynchus caffer 454, 455
– – erythrorhynchus 454, 455
Burhinidae 681
Burhinus 260, 647, 665, 667, 677
– bistriatus vocifer 267
– capensis dodsoni 267
– magnirostris 705
– – ramsayi 267
– oedicnemus 609
– senegalensis senegalensis 267
– superciliaris 267
burmanicus, Buteo 228
–, Ploceus 453
Burnesia 600, 640
– socialis 695
burrovianus, Cathartes 219
burtoni, Serinus 448, 449, 457
Buschwürger 421
Bussarde 220, 604, 670, 684, 709
Buteo 220, 228, 604, 634, 638, 641, 647, 669, 671, 672, 686, 693, 709
– albicaudatus hypospodius 227, 666
– brachyurus 229
– – albigula 229, 353
– – fuliginosus 229
– burmanicus burmanicus 228
– buteo 228, 666, 674, 698
– – buteo 228
– – hispaniae 228
– – intermedius 228
– – japonicus 228
– – menetriesi 228
– – vulpinus 228
– galapagoensis 222, 227, 353
– hemilasius 666
– jamaicensis 220
– – borealis 220, 228
– lagopus 666
– – kamtschatkensis 228
– – pallidus 228
– leucorrhous 229
– lineatus 220, 228
– – elegans 228
– – ridgwayi 228
– – texanus 228
– magnirostris 229
– – saturatus 229
– – superciliaris 229
– nitidus 220
– – blakei 229
– oreophilus 228
– – oreophilus 228
– – trizonatus 228
– platypterus 220
– – antillarum 228
– regalis 220
– ridgwayi 228, 353
– rufinus 220
– – cirtensis 227
– rufofuscus augur 223
– solitarius 228, 353
– swainsoni 220
– – ventralis 353
– vulpinus 228
buteo, Buteo 228, 666, 674, 698

Buteogallus 220
– anthracinus 220
– – cancrivorus 466
Buteoninae 220, 221
Butorides striatus (statt striata) 353
– – albolimbatus 208
– – cyanurus 207, 464
– – didii 208
– – javanicus 208
– – rutenbergi 207
– – solomonensis 208
– – sundevalli 353
– sundevalli 353

cabanisi, Heterocnus 210
–, Tigrisoma 210
cabaret, Acanthis 449
Cacatua ducorps (statt ducropsi) 294, 355
– galerita fitzroyi 294
– haematuropygia 294, 355
– roseicapilla assimilis 294
– sanguinea ashbyi 294
– – normantoni 294
– tenuirostris pastinator 294
– – tenuirostris 294
Cacatuinen 291
cachinnans, Herpetotheres 233, 234, 235, 466
–, Larus 272
Cacicus 677
– haemorrhous affinis 446
Cacomantis merulinus 312
– – celebensis 310, 316, 348
– – lanceolatus 303, 312, 316
– – passerinus 303, 310, 691, 694
– – stresemanni 433, 434
– pyrrophanus prionurus 310
– – simus 680
– (recte Penthoceryx) sonneratii 313, 317
– variolosus 304
– – macrocercus 303
– – sepulcralis 303
– – variolosus 303, 310
cactorum, Asthenes 364, 427
–, Melanerpes 351
–, Thrichopicus 351, 427
caerulea, Halobaena 198
–, Polioptila 416
caeruleocephalus, Phoenicurus 401, 405, 652
caerulescens, Anser 213, 214, 464
–, Chen 213, 464
–, Cyanocompsa 688
–, Geranospiza 232
–, Harpiprion 211, 212
–, Microhierax 236
–, Porphyrio 251
–, Ptilorrhoa 409
–, Thamnophilus 366
caeruleus, Cyanocorax 667, 694
–, Elanus 220
–, Melanotis 399
–, Parus 604
–, Porphyrio 673
caesia, Coracina 388
–, Emberiza 646, 647
caesius, Thamnomanes 469
cafer, Colaptes 349
–, Cuculus 315
–, Pycnonotus 390
caffer, Buphagus 454, 455
caffra, Cossypha 306, 401, 404
Cairina 605
– moschata 671
Calamocichla 411
– brevipennis 413, 417, 430, 473
– gracilirostris 473
– rufescens 473
– – rufescens 417
– – senegalensis 473
Calamonastes fasciolatus 412
– simplex 412
– stierlingi 412
calandra, Emberiza 309, 435, 646, 647, 665, 673, 692, 693
–, Melanocorypha 381
Calandrella acutirostris tibetana 675
– cinerea brachydactyla 379, 677
– – dukhunensis 379
– – hungarica 378, 379, 381
– – longipennis 677
– fringillaris 371, 382
– obbiensis 379, 382, 429
– rufescens 677
– – aharoni 382
– – beicki 382
– – stegmanni 382
calcarata, Motacilla 386
Calcarius 646, 647
– lapponicus 686
– mccowni 686
– ornatus 686
caledonica, Coracina 431
–, Myiagra 422, 424
–, Myzomela 434
–, Pachycephala 423, 425, 430
caledonicus, Platycercus 292
Calidris 271, 665
– bairdii 263, 266
– canutus 647
– – rogersi 263, 265
– – rufus 263
– mauri 263
– minutilla 266
– ruficollis 263
– tenuirostris 263, 265
calidus, Falco 234

californiana, Geococcyx 302
californianus, Gymnogyps 218, 220
californica, Sula 202
–, Uria 283, 610
californicus, Carpodacus 688
–, Larus 274
–, Lophortyx 467
–, Pelecanus 203
caliginis, Nyctanassa 210
Callaeadidae (recte Callaeidae) 682
Callaeas 681
calliope, Luscinia 401
Callipepla 242
Calliste 710
Callonetta 216
Calocitta formosa formosa 456
Caloenas 603
Calotes 612
– cristatellus 617
Calothorax 357
– pulcher 338
calurus, Criniger 390, 392, 680
calva, Treron 285, 286
Calypte anna 338
Calyptomena 679
– viridis 657
Calyptorhynchus banksii 603
– baudinii 293
– funereus baudinii 293
– – funereus 294
– – latirostris 294
– – xanthonotus 294
– lathami 603
– magnificus macrorhynchus 294
– – samueli 294
Camaroptera 412, 681
– brachyura tincta 414, 419
– brevicaudata 347, 419
– fasciolata irwini 414, 419
– simplex simplex 414, 419
– stierlingi 419
camelus, Struthio 180, 181, 183, 461, 603, 609, 622, 626, 640, 647, 670, 687, 700, 706
cameronensis, Zoothera 430
camerunensis, Heterotrogon 340
–, Muscicapa 422, 424
Campephaga 426, 681
Campephagidae 388, 651, 680, 681, 685, 696
Campephagiden 604
Campephilus guatemalensis regius 352
– robustus 705
campestris, Anthus 671, 673
–, Colaptes 349
Campethera bennetti scriptoricauda 350
– caroli caroli 350
– nivosa nivosa 350
– nubica 350
Camptorhynchus labradorius 213
Campylopterus curvipennis curvipennis 334, 357
– ensipennis 334, 357
– rufus 334, 357
Campylorhamphus trochilirostris 361
Campylorhynchus jocosus 396, 397, 429, 445
– rufinucha 445
– – humilis 397
Canachites canadensis 686
canadensis, Aquila 231
–, Branta 214, 215
–, Canachites 686
–, Grus 250, 609
canaria, Serinus 701
canariensis, Fringilla 604
cancrivorus, Buteogallus 466
cancrominus, Platyrinchus 369, 373
candicans, Caprimulgus 356
candida, Amazilia 335, 357
candidus, Dendrocopos 351
canicapilla, Bleda 390, 391, 429
caniceps, Phrygilus 437
–, Psittacula 300
canicollis, Serinus 448
canicularis, Aratinga 295
caniveti, Chlorostilbon 335
cannabina, Acanthis 671, 673
canorus, Cuculus 303, 304, 306, 307, 308, 309, 467, 468, 647, 660, 671, 673, 687, 689, 694
–, Melierax 227
cantans, Cettia 640
–, Cisticola 688
–, Horeites 309
cantillans, Sylvia 646, 673
canus, Larus 10, 272, 273, 609
canutus, Calidris 263, 265, 647
Capella 637
– gallinago 262, 668
– – gallinago 265
– media 610
– paraguaiae andina 265
– solitaria japonica 265
– undulata undulata 265
capensis, Burhinus 267
–, Corvus 603, 673, 674, 682, 684, 695, 701
–, Daption 198, 684
–, Morus 200, 201
–, Motacilla 311
–, Pelargopsis 342
–, Phyllastrephus 665
–, Ploceus 311, 451, 452
–, Pycnonotus 305
–, Smithornis 310, 315, 359
–, Sula 201, 609, 634
–, Tyto 320
–, Zonotrichia 437, 444, 447, 673
capicola, Streptopelia 281
capistrata, Muscisaxicola 371
–, Nesocharis 450

–, Oenanthe 406
capitale, Todirostrum 428
capitalis, Poecilotriccus 428
capitata, Paroaria 440
Capitonidae 347, 599, 603, 629, 669, 676, 679, 703
Capitoniden 646, 684
caprata, Saxicola 402
Caprimulgidae 325, 462, 603, 650, 651, 660, 679, 680, 682, 694, 695, 715
Caprimulgiden 676, 681, 685, 686, 705
Caprimulgiformes 324
Caprimulgus 603, 646, 664, 684, 685, 694
– batesi 329
– candicans 356
– carolinensis 668
– cayennensis cayennensis 327
– – manati 328
– donaldsoni 603
– enarratus 249, 284, 325, 327, 328, 329
– europaeus 326, 329, 673, 687
– – europaeus 328
– – meridionalis 328
– – sarudnyi 328
– – unwini 328
– indicus hazarae 687
– – indicus 687
– – jotaka 687, 691
– longirostris decussatus 676
– – longirostris 676
– – ruficervix 676
– macrurus 165, 687
– – albonotatus 326
– – atripennis 326, 328, 664, 688
– – macrurus 688
– – manillensis 326
– madagascariensis 327, 665
– – madagascariensis 328, 329
– natalensis 326
– – chadensis 326, 329
– – fulviventris 326, 329
– nigrescens nigrescens 325
– pectoralis fervidus 326, 328
– – pectoralis 328
– poliocephalus ruwenzorii 326, 329
– pulchellus 325, 356
– – bartelsi 327, 329
– ridgwayi ridgwayi 325, 328, 356
– ruficollis 326
– rufigena 326, 327, 675
– – rufigena 326, 329
– rufus minimus 325, 328
– sericeocaudatus 676
– tristigma lentiginosus 329
– – tristigma 326, 329
– vociferus arizonae 686, 687
– – oaxacae 328
– – setosus 328, 686, 687
– – vociferus 687
caprius, Chrysococcyx 303, 311, 316, 452
Capsiempis 370, 373
Caracaras 233
carbo, Oceanodroma 199
–, Phalacrocorax 203, 204
Carduelis 650, 681, 690
– carduelis 701
– – parva 701
– crassirostris crassirostris 448, 449
– flammea 701
carduelis, Carduelis 701
Cariama 715
– cristata 629, 661, 668, 671, 685
Cariamidae 664
caribaea, Fulica 257
caribaeus, Vireo 443, 444
Carinaten 257
carneipes, Cyanerpes 442
carnobarba, Procnias 377
caroli, Campethera 350
carolinensis, Caprimulgus 668
–, Conuropsis 295
–, Dumetella 398
–, Pandion 233
–, Parus 432
–, Pelecanus 203
Carpococcyx renauldi 314, 318
Carpodacus 646, 647, 652, 668, 671, 681, 684
– cassinii 688
– edwardsii rubicunda 450
– erythrinus 448
– – erythrinus 449
– mexicanus 702
– – amplus 688
– – clementis 688
– – frontalis 688
– – mexicanus 688
– – rhodocolpus 688
– – roseipectus 688
– – ruberrimus 688
– purpureus 702
– – californicus 688
– – purpureus 688
– rhodopepla rhodopepla 450
– spinoides 449
carteri, Neophema 301
caryophyllacea, Rhodonessa 216
Casiornis 368
Casmerodius 605, 696
– albus 461
– – melanorhynchus 208
Cassidix 677
cassini, Leptotila 290
cassinii, Carpodacus, 688
–, Mitrospingus 440, 441
castanea, Alethe 401
–, Anas 216
castaneicollis, Francolinus 243

castaneocoronata, Tesia 680
castaneofuscus, Ploceus 453
castaneoventris, Eulabeornis 254
castaneus, Amaurolimnas 254
–, Rallus 254
castanotis, Poephila 626
castanotum, Cinclosoma 410
castanotus, Colius 339, 357
castelnau, Picumnus 358
castigatus, Odontophorus 242, 246
castro, Oceanodroma 199
Casuariidae 182, 679
Casuarius 182, 600, 603, 617, 635, 636, 637, 638, 640, 641, 642, 667, 684, 704
– unappendiculatus aurantiacus 182
Catamenia inornata inornata 436, 439, 457
catellanus, Passer 452
Catharacta maccormicki 269
– skua 204
– – antarctica 269, 270
– – clarkei 269
– – lonnbergi (lönnbergi) 269, 270
Cathartes 668
– aura falklandicus 687
– – septentrionalis 219
– burrovianus urubitinga 219
Catharus dryas 430, 431
– – harrisoni (statt haringtoni) 402, 407
– frantzii 403
– – alticola 407
– fulvescens 407
– fuscater 402
– – hellmayri 402, 407
– – mirabilis 402, 407
– fuscescens 684
– gracilirostris 402
– – gracilirostris 407
– mexicanus 402, 430
– – fumosus 402, 407
– – mexicanus 407
– minimus bicknelli 677
– occidentalis occidentalis 407
cathemagmena, Tchagra 393
catingae, Rhynchotus 462
catumbella, Agapornis 300
caudacutus, Pterocles 698
caudata, Chiroxiphia 375
–, Coracias 344
caudatus, Ptilogonys 345, 429
caumatonotus, Aglaeactis 337
cayana, Piaya 303, 318
cayanensis, Leptodon 224, 229
cayanus, Hoploxypterus 261
cayennensis, Caprimulgus 327, 328
–, Columba 287
–, Mesembrinibis 212
caymanensis, Melanerpes 358
Cecropis abyssinica puella 669
– daurica rufula 471
– – striolata 607
– semirufa semirufa 384
cedrorum, Bombycilla 395
celebensis, Cacomantis 310, 316, 348
–, Hirund-apus 356
–, Pernis 221, 224, 353
Celeus flavus inornatus 350
– immaculatus 358
cenchroides, Falco 234
centralis, Sporophila 438
Centrocercus 684
Centropus 320, 599, 600, 633, 634, 676, 692, 696, 704
– anselli 320, 356
– ateralbus 302
– bernsteini 303
– grillii wahlbergi 320
– leucogaster efulenensis 320, 356
– menbeki menbeki 302
– monachus cupreicaudus 320
– – fischeri 320
– – occidentalis 320
– nigrorufus 319, 356
– phasianinus nigricans 302
– – phasianinus 302
– senegalensis 303
– sinensis 669
– – bubutus 319
– – eurycercus 319
– – sinensis 302
– toulou insularis 319
– violaceus 302
Centurus rubricapillus wagleri 351
Cephalopyrus 679, 685
– flammiceps 715
Cephalopterus 375
cephalus, Phaethornis 334
Cepphus 283, 603, 640
– grylle 647, 693
– – arcticus 283
– – atlantis 283
– – grylle 283
– – islandica 283
– – kaiurka 283
– – mandtii 283
Ceratotriccus 428
Cercococcyx montanus patulus 310, 315
Cercomacra 681
– cinerascens 365
– – immaculata 366
– tyrannina laeta 365, 366
Cercomela familiaris familiaris 405
– – hellmayri 402, 405
– schlegelii 681
– – pollux 405
Cereopsis novaehollandiae 609
Certhia 608, 646, 690

- brachydactyla brachydactyla 433
- familiaris 459
certhia, Dendrocolaptes 360, 426
–, Leptasthenura 362
Certhidea olivacea mentalis 439
Certhiidae 433, 680
Certhilauda albescens albescens 381
certhiola, Lepidocolaptes 361
–, Locustella 417, 657
cerulea, Procelsterna 272, 280
cerviniceps, Eurostopodus 668
Ceryle 645, 646, 705
- alcyon 692
- - alcyon 341
- rudis rudis 341
- torquata 603
- - stellata 341
cetti, Cettia 680
Cettia 385, 411, 412, 431, 603, 608, 629, 647, 653, 659, 673, 680, 683, 684, 691, 694, 704, 705, 716
- cetti 680
- diphone borealis 416
- - cantans 640
- fortipes fortipes 304
Ceuthmochares 633
ceylonicus, Dicrurus 455
Ceyx argentatus (statt argentauris) 357
- erithacus rufidorsum 342
- rufidorsum rufidorsum 342
chacoensis, Nothura 462
chacurus, Pezites 446
chadensis, Caprimulgus 326, 329
Chaetura brachyura brachyura 330, 332
- rutila rutila 330, 331
- thomensis 331, 356
- ussheri sharpei 332, 356
Chaimarrornis 681
Chalcites 317, 657
- basalis 303, 310, 693, 694
- lucidus layardi 312, 316, 415, 420
- - lucidus 303, 312, 316
- - plagosus 303, 304, 310, 312, 316, 693, 694
- maculatus 304, 311, 312, 316
- malayanus 317
- - minutillus 303, 317
- - poecilurus 312, 317
- minutillus 317
- russatus misoriensis 317
- xanthorhynchus 304, 316
- - xanthorhynchus 312
Chalcophaps indica 285
Chalcopsitta atra atra 292, 355
- duivenbodei 293
- - duivenbodei 292, 355
- - syringanuchalis 292
- scintillata scintillata 292, 355
chalcopterus, Pionus 297, 355
–, Rhinoptilus 268, 603
chalcospilos, Turtur 289
chalybaeus (statt chalybeus), Lamprotornus 453
chalybea, Progne 383
Chamaea 679, 685
Chamaeza 715
chaplini, Lybius 346, 347, 358
chapmani, Herpetotheres 235
–, Micropygia 355
Chaptia aenea 693, 696
Charadriidae 259, 268, 354, 603, 608
Charadriiden 609, 642, 663
Charadriiformes 188, 250, 258, 467
Charadrius 260, 607, 647, 672
- alexandrinus 664, 673
- - javanicus 261
- - nivosus 675
- - ruficapillus 693
- altaicus 260
- alticola 261, 354
- dubius 663
- - curonicus 668
- forbesi 260, 261
- hiaticula 260, 261, 610, 663, 689
- - tundrae 261
- leschenaultii 260, 262
- melodus 675
- mongolus 260
- - atrifrons 261
- - mongolus 260, 262
- - pamirensis 261
- - stegmanni 260, 262
- pallidus 354
- pecuarius 260
- semipalmatus 610
- thoracicus 260, 261, 354
- tricollaris 260, 663, 664, 665, 693
- - bifrontatus 260, 261
- - forbesi 261
- vociferus ternominatus 261
- wilsoni cinnamominus 262
Charmosyna pulchella bella 293, 355
Chasiempis 421
chathamensis, Eudyptula 191
Chaulelasmus streperus 213
Chauna 684
- torquata 212
cheela, Spilornis 233, 253
Chelictinia 220
Chelidonyx 421
Chen caerulescens 213
- - atlandicus 464
- - hyperboreus 213
- - rossii 213, 214
cheniana, Mirafra 380
Chenonetta 216
Chenopis atrata 683
Chenoramphus 412
cherrug, Falco 234, 237, 646

chersonensis, Chrysocolaptes 352
–, Struthio 179, 180, 181, 709
Chersophilus duponti duponti 677
– – margaritae 677
Chettusia gregaria 647
chiapensis, Otus 322
chicquera, Falco 234, 235, 239
chihi, Plegadis 212, 213
chilensis, Accipiter 226, 353
–, Belonopterus 260
–, Colymbus 464
–, Rollandia 464
chimachima, Milvago 234, 236, 238
chimaera, Uratelornis 344, 358
Chimango 715
chimango, Milvago 236
chinensis, Excalfactoria 672, 686, 687
–, Oriolus 693
Chionididae 604, 681
Chionis alba 269, 693
– minor crozettensis 269
– – marionensis 269
– – minor 269
chiripepe, Pyrrhura 296
chiriquensis, Columba 354
–, Oreopeleia 355
chiriri, Brotogeris 669
Chiroxiphia caudata 375
– lanceolata 375
– linearis linearis 375, 428
– pareola 375
Chlamydera 603, 663, 665, 704
– maculata yorki 455
Chlidonias 271
– hybrida hybrida 687
– – indica 687
– – javanica 687
– – sclateri 271, 276
– nigra 459, 693
Chloephaga picta picta 215
– poliocephala 659, 696
Chloris 659, 681, 702
– chloris 673
– – chloris 688
– sinica kawarahiba 688
– – minor 688
– – sinica 688
– – ussuriensis 688
chloris, Chloris 673, 688
–, Halcyon 342, 343
–, Nicator 390, 392
chlorocercus, Domicella 293, 355
Chloroceryle aenea aenea 341
– inda inda 341
chlorochlamys, Gallirex 302
Chlorocichla flaviventris occidentalis 391
– simplex 665, 693
chlorolepidotus, Trichoglossus 291
chloronotus, Criniger 390, 392
Chlorophonia occipitalis occipitalis 441
Chloropsis aurifrons media 471
chloroptera, Halcyon 343
chloropus, Gallinula 604, 605, 673, 703
–, Tropicoperdix 243, 248
chloropygia, Nectarinia 433
chlororhynchos, Diomedea 194, 609, 610
Chlorospingus ophthalmicus novicius 440, 441
– – ophthalmicus 440
– – regionalis 440, 441
– pileatus 457
– zeledoni 457
Chlorostilbon caniveti caniveti 335
– maugaeus 335, 357
chlorurus, Pipilo 436
chochi, Tapera 468
choliba, Otus 322
cholmleyi, Ammoperdix 678
choloensis, Alethe 472
Chondrohierax 220
– uncinatus 221, 224, 353
– – aquilonis 224
– – uncinatus 224, 225
Chordeiles 664, 665, 685, 694
– acutipennis 676
– minor henryi 686, 687
– – minor 687
– – panamensis 325, 327
christianiludovici, Falco 239
chrysaetos, Aquila 230, 231, 646, 647, 691, 698
Chrysococcyx caprius 303, 311, 316, 452
– cupreus 311
– – cupreus 303
– – insularis 311, 316
– klaas klaas 310
– russatus misoriensis 317
Chrysocolaptes lucidus chersonensis 352
– validus validus 352
– – xanthopygius 352
chrysocome, Eudyptes 187, 188, 189, 190, 463
Chrysoena luteovirens 609
Chrysolophus pictus 699
chrysolophus, Eudyptes 187, 189, 190, 463, 634
Chrysomma sinensis 689
chrysonotus, Loriculus 301
chrysops, Cyanocorax 666
chrysoptera, Vermivora 701
chrysopterygius, Psephotus 292, 301
chrysorrhoa, Ptilinopus 286
chrysostoma, Diomedea 194
Chthonicola 603, 629, 673, 683, 684, 694, 704
– sagittata 680
chubbi, Sylvietta 414, 419
Chubbia jamesoni 693
Chunga 715
cia, Emberiza 646, 665, 694, 695
Cichlornis llaneae 430

Ciconia 641, 651, 658, 690, 696, 714
– alba (recte ciconia) 646
– ciconia 211, 647
– – ciconia 211
– nigra 211, 646, 647
ciconia, Ciconia 211, 647
Ciconiidae 464, 642, 679
Ciconiiformes 206
Cinclidae 396, 660, 679
Cinclidium diana 680
– leucurum leucurum 402
Cinclodes atacamensis 362
– fuscus albirostris 362
– – comechingonus 362, 426
– – fuscus 362
– oustaleti olrogi 362
– tazanowskii 362
cinclorhynchus, Monticola 400, 406, 699
Cinclosoma castanotum castanotum 410
– cinnamomeum marginatum 410
Cinclus 605, 640, 647, 651, 684, 692, 710
– cinclus aquaticus 669
– leucocephalus schulzii 396
cinclus, Cinclus 669
–, Rhinoptilus 268
cincta, Notiomystis 676
cinctus, Parus 646, 647
cinerascens, Cercomacra 365, 366
–, Circaetus 224, 233
–, Colius 339
–, Fraseria 421, 424, 430
–, Monarcha 665, 683
cinerea, Ardea 206, 207, 605, 609, 669
–, Batara 665
–, Calandrella 378, 379, 381
–, Creatophora 454
–, Motacilla 646, 647, 673
–, Muscisaxicola 368, 371
–, Piezorhina 435, 438, 444, 447, 457
–, Procellaria 198
cinereiceps, Laterallus 255
–, Ortalis 241
cinereiventris, Microbates 412, 416, 430
cinereocapilla, Motacilla 386
cinereum, Todirostrum 370, 660
cinereus, Artamus 665
–, Circaetus 232
–, Coccyzus 360
–, Crypturellus 185
–, Ibis 211
–, Poliolimnas 256, 693
–, Ptilogonys 395
cinnamomea, Cisticola 473
cinnamomeipectus, Hemitriccus 428
cinnamomeum, Cinclosoma 410
cinnamomeus, Crypturellus 186
–, Pachyramphus 376, 377, 429
cinnamomina, Halcyon 342, 343, 358
cinnamominus, Charadrius 262
–, Falco 235
Cinnocerthia peruana 397
Cinnyricinclus 314
Cinnyris reichenbachi 680
cioides, Emberiza 436, 665
Circaetinae 220
Circaetus 233, 646, 647, 682, 683
– cinerascens 224, 233
– cinereus 232
– fasciolatus 233
– gallicus 609
– – pectoralis 232, 233
Circinae 220
Circulifer tenellus 219
circumcinctus, Spiziapteryx 236
Circus 220, 223, 224, 646, 684, 704
– aeruginosus 459, 669, 690
– – aeruginosus 224, 232
– brasiliensis buffoni 684
– cyaneus 669
– – hudsonius 232
– gouldi 224
– macrosceles 224
– macrourus 220
– maurus 232
– melanoleucus 220
– pygargus 232, 669
– spilonotus spilonotus 224, 232
cirlus, Emberiza 646
cirratus, Picumnus 349
cirrhatus, Spizaetus 230, 231
cirtensis, Buteo 227
Cissa 664
Cissilopha 659, 682
– beecheii 456, 684
– sanblasiana yucatinensis 667, 674, 682, 683
Cisticola 411, 412, 646, 660, 679, 681, 685
– anonyma 418
– brachyptera loandae 412
– brunnescens cinnamomea 473
– bulliens 412
– cantans cantans 688
– – münzneri 688
– – pictipennis 688
– erythrops nyasa 413
– galactotes lugubris 691
– juncidis 312, 679
– – cisticola 691
– – terrestris 473
– melanura 430
– natalensis katanga 414, 418
– rufilata rufilata 413
– spec. 705
– subruficapilla subruficapilla 414, 418
– troglodytes troglodytes 414, 418, 430
– woosnami lufira 413, 418
cisticola, Cisticola 691

Cistothorus palustris 675, 681, 683, 694, 695
– – paludicola 660, 671
– platensis 660, 694
– – platensis 660
– – stellaris 660, 675, 683, 695
citrea, Piranga 441
citreola, Motacilla 386
citrinella, Emberiza 610, 646, 667, 673, 684, 689, 693, 695
clamans, Spiloptila 412
Clamator 304, 305, 314, 646
– coromandus 303, 304, 305, 314
– glandarius 303, 304, 314
– jacobinus 304, 694
– – jacobinus 303, 305, 314, 687
– – pica 305, 314
– – serratus 303, 305, 306, 314, 468, 687
– levaillantii 304, 306, 314
clamator, Rhinoptynx 324, 468
Clamatores 367
clamosa, Rhipidura 430
clamosus, Cuculus 306, 315
clanga, Aquila 220
clangula, Bucephala 217, 647, 659
Claravis mondetoura 289, 355
clarkei, Amandava 450
–, Catharacta 269
–, Otus 322, 356
clarus, Scotornis 329
cleaveri, Trichastoma 409, 430
clementiae, Lampornis 336
clementis, Carpodacus 688
Cleptornis 680
Climacteridae 455
Climacteris 683, 684
– scandens 680
climacurus, Scotornis 329, 330
cloatesi, Poliocephalus 192
clot-bey, Ramphocoris 673, 674, 677, 683
clypeata, Anas 213
–, Spatula 213
Clytomyia 412
– insignis 431
Clytorhynchus 421
– pachycephaloides 423, 425, 430
cnephosus, Turdus 409
cocachacrae, Pyrocephalus 470
Coccothraustes 665, 690, 693
– coccothraustes 673
coccothraustes, Coccothraustes 673
Coccyzus 313
– americanus 313
– – americanus 303
– cinereus 360
– melacoryphus 303
– minor minor 303
– – pulloris 318
Cochinchinahähne und -hühner 600
cochinchinensis, Gallus 709
Cochleariidae 660
Cochlearius 669, 670, 716
– cochlearius cochlearius 211
cochlearius, Cochlearius 211
cockerelli, Philemon 673
coelebs, Fringilla 422, 448, 604, 660, 665, 673, 675, 683, 689, 692, 693, 695
Coeligena bonapartei 337, 357
– iris 337
– lutetiae 337
– torquata insectivora 337
coerulescens, Alcedo 341
–, Pyrrhura 296
coeruleus (recte caeruleus), Cyanocorax 667, 695
Colaptes auratus 349
– cafer 349
– – mexicanoides 349
– campestris campestris 349
colchicus, Phasianus 243, 248, 459, 680, 699
Colibri thalassinus thalassinus 334
Coliidae 679
Coliiformes 338
Colinus 242, 600, 677, 684
– leucopogon dickeyi 246
– virginianus 626, 709
– – coyolcos 246
– – ridgwayi 245
Colius 599, 603, 640, 669, 684, 694
– castanotus 339, 357
– colius 339
– – damarensis 339
– indicus lactifrons 339
– leucocephalus turneri 339
– striatus cinerascens 339
– – congicus 339
– – leucophthalmus 338
colius, Colius 339
collaris, Lanius 305, 395, 659
–, Microbates 412, 416, 430
–, Prunella 399
–, Sporophila 438
–, Trogon 340
Collocalia 330
– esculenta cyanoptila 331
– fuciphaga 330, 331
– – fuciphaga 330
– – vestita 330
– gigas 330, 603
– inexpectata 330
– – bartelsi 330
– innominata 331
– inquieta inquieta 331
– – ponapensis 331
– – rukensis 330
– leucophaea ocista 331, 356
– – sawtelli 331
– salangana 330

- troglodytes 330, 331, 356
- vestita vestita 331, 356
- whiteheadi apoensis 330
Colluricincla 605
- megarhyncha parvula 423, 425
collurio, Lanius 304, 307, 394, 459, 612, 659, 660 666, 673, 674, 689, 692, 694, 701
collybita, Phylloscopus 309, 408, 692
Coloeus 591, 611, 681, 693
- monedula 647
Colopterus 373, 426
Colorhamphus 374
- parvirostris 370
Columba 607, 641, 654, 675, 705, 715
- arquatrix sjöstedti 287
- cayennensis pallidicrissa 287
- chiriquensis 354
- fasciata crissalis 287
- flavirostris minima 287
- livia domestica 287
- - livia 287
- malherbii 287, 354
- mayeri 288
- nigrirostris 287, 354
- oenas 606
- palumbus 606, 672
- - azorica 287
- - palumbus 287
- rupestris rupestris 287
- subvinacea subvinacea 287
- trocaz 603
columbarius, Falco 234, 239, 646, 647
columbianus, Odontophorus 246, 354
Columbidae 462, 603, 679, 703
Columbiformes 284, 285, 715
Columbigallina minuta elaeodes 289
- passerina insularis 289
- talpacoti rufipennis 289
Columbina cyanopis 355
- minuta elaeodes 289
- talpacoti rufipennis 289
Colymbiformes 192
Colymbus (recte Podiceps) 638, 647
- cristatus cristatus 193
- grisegena grisegena 193
- nigricollis nigricollis 192
- rolland 192
- - chilensis 464
- septentrionalis (recte Gavia stellata) 638, 639
comechingonus, Cinclodes 362, 426
comeri, Gallinula 253, 256 (31. Zeile, ohne Name)
–, Porphyriornis 253, 256
comitata, Muscicapa 422, 424
communis, Parus 432
–, Sylvia 646, 673, 675, 689
Compsothlypidae 715
comptus, Trogon 357
conboschas, Anas 215
concinens (früher agricola), Acrocephalus 688
concinna, Ducula 354
concinnus, Aegithaliscus 603
–, Aegithalos 665
–, Trogon 340
concolor, Amaurolimnas 251, 254
concretus, Cuculus 307, 315
–, Hemicircus 352
condita, Tijuca 428
confusa, Tchagra 393
confusus, Lanius 307, 394
congensis, Afropavo 244, 249
congicus, Colius 339
Conirostrum 681
- bicolor bicolor 442, 443
connivens, Ninox 321
Conopias albovittata parva 369, 372
- inornata 369, 372
- parva 369
Conopophaga 684, 710
- lineata 693
Conopophagidae 664, 682
conoveri, Leptotila 355
conspicillata, Sylvia 646
conspicillatus, Basileuterus 443
Contopus 372
- fumigatus 428
- lugubris 428
- sordidulus peninsulae 428
- - veliae 428
- virens 428
Conuropsis carolinensis 295
- - ludovicianus 295
cooki, Cyanopica 689
–, Pterodroma 197
cooperi, Otus 322, 356
cooperii, Accipiter 220, 226
coprotheres, Gyps 231
Copsychus 681
- albospecularis albospecularis 401
- - inexpectatus 401, 404
- - pica (statt picta) 401, 404
- sechellarum 401, 404
coqui, Francolinus 242, 246
Coracias 641, 647, 692, 705, 714
- abyssinica (statt abysinica) 344
- caudata lorti 344
- spatulata 344
Coraciidae 679, 703
Coraciiformes 341, 469, 629, 710, 714
Coracina 660, 681, 684
- caesia pura 388
- caledonica 431
- leucopygia 429
- pectoralis 388
- - pectoralis 388
- striata 429
- tenuirostris 604

Coracopsis nigra 692
– – barklyi 299
Coragyps atratus atratus 219
corax, Corvus 603, 647, 673, 689, 693
Corcorax 665, 680
cordatus, Milvago 234, 236, 238
cordobae, Asthenes 364
corniculatus, Philemon 317, 660
cornix, Corvus 455, 456, 647, 671, 673, 701
cornuta, Anhinga 212
–, Heliactin 338
cornutus, Eunymphicus 301
–, Nyctibius 325
Coromandel-Kuckuck 305
coromandus, Clamator 303, 304, 305, 314
coronata, Thamnolaea 402, 406, 429
coronatus, Harpyhaliaetus 222, 229, 466
–, Phalacrocorax 205
–, Phylloscopus 304
–, Pterocles 284
–, Stephanoaetus 223, 230
–, Tachyphonus 674
corone, Corvus 10, 455, 456, 459, 647, 671, 673, 701
Coronella 391, 657
coruscus, Phaethornis 333
Corvidae 432, 437, 455, 457, 651, 676, 679, 680, 681, 682, 714, 716
Corviden 646, 647
corvina, Corvinella 393
Corvinella 391, 657
– corvina affinis 393
Corvus 305, 308, 660, 671, 672, 673, 681, 689, 693, 695, 701
– brachyrhynchos 673
– capensis 603, 673, 674, 682, 684, 695, 701
– corax 603, 647, 673, 689, 693
– corone 10, 459, 673
– – cornix 455, 456, 647, 671, 673, 701
– – corone 455, 647, 701
– frugilegus 647, 671, 673
– macrorhynchos andamanensis 673
– monedula monedula 456
– orru insularis 703
– splendens 673
– – splendens 304
Corydon 682
– sumatranus 693
coryphaeus, Erythropygia 311
Coryphistera alaudina 696
Coryphotriccus parvus 369, 372
Corythaeola 658, 679
Corythopis 428
Coscoroba 658
Cossypha 660, 680
– archeri archeri 401, 404, 429
– caffra iolaema 306, 401, 404
– dichroa 599, 640
– polioptera polioptera 401, 404, 429
costaricensis, Asturina 229
–, Crypturellus 186
–, Melanerpes 351
–, Mitrospingus 440, 441
–, Pharomachrus 340
–, Thryothorus 396, 397
–, Tityra 677
–, Xiphorhynchus 360
Cotingidae 367, 368, 375, 680, 681
Cotingiden 375, 376, 664, 685
Coturniceps 256
– notata 354
– – duncani 252, 263
Coturnix 603, 638, 657, 665, 666, 667, 689, 696
– coturnix japonica 243
coturnix, Coturnix 243
Coua 314
– cristata 314
– – cristata 319
– – dumonti 314, 319
– – pyropyga 319
– cursor 319, 356
– gigas 319, 356
– ruficeps olivaceiceps 319
– – ruficeps 302, 319, 350
couesi, Erolia 266, 267
coutelli, Anthus 388
coyolcos, Colinus 246
Cracidae 660, 679, 714
Cracticidae 682
Cracticus 692, 693
– louisiadensis 458
cranchii, Francolinus 683
–, Pternistis 683
Cranioleuca curtata 431
– sulphurifera 363
– vulpina apurensis 363
crassirostris, Arremonops 439
–, Carduelis 448, 449
–, Diuca 438
–, Hypsipetes 390, 392, 429
–, Larus 275
–, Oryzoborus 436, 439
–, Pachyptila 195
–, Sylvia 688
crassus, Emeus 183
Crataerrina pallida 330
Crateropus 410
Crax 600, 603, 617, 618, 628, 635, 637, 640, 641, 642, 651, 697, 713
– nigra 600, 601
Creatophora cinerea 454
crecca, Anas 216, 646, 647, 689, 690
Crecopsis egregia 252
crepitans, Psophia 251
crestatus, Eudyptes 189
Crex 638, 646, 647, 693

- crex 673
crex, Crex 673
Criniger barbatus chloronotus 390, 392
- calurus 680
- - emini 390, 392
- ndussumensis 390, 392
- olivaceus ndussumensis 390, 392
- pallidus 392
crispus, Pelecanus 609, 630, 697, 698
crissale, Toxostoma 686
crissalis, Columba 287
cristata, Cariama 629, 661, 668, 671, 685
-, Coua 314, 319
-, Fulica 257
-, Galerida 382, 673, 696
-, Gubernatrix 436
cristatellus, Calotes 617
cristatum, Sphenostoma 715
cristatus, Colymbus 193
-, Lanius 307, 394, 667, 671, 673
-, Pavo 244, 626, 699
-, Podiceps 193, 594, 671
crocea, Sturnella 696
Crocethia alba 610
Crossoptilon 648
- crossoptilon drouynii 248
- - harmani 248
crossoptilon, Crossoptilon 248
Crotophaga 599, 600, 629, 634, 642, 658, 659, 673, 682, 683, 696
- ani 303, 603, 640, 709, 710
- major 303
Crotophagiden 669
crozettensis, Chionis 269
cruenta, Tchagra 393
cruentata, Pyrrhura 295, 355
cruentis, Ithaginis 674
cryptica, Brachypteryx 429
Cryptoplectron erythrorhynchum erythrorhynchum 243, 247
Cryptospiza jacksoni 457
- salvadorii australis 688
- - kilimensis 450, 688
cryptoxanthus, Myiophobus 428
Crypturellus 185, 648
- boucardi boucardi 185, 186
- - costaricensis 186
- cinereus 185
- cinnamomeus soconuscensis 186
- noctivagus 672, 679
- - dissimilis 687
- - noctivagus 687
- obsoletus 653, 671
- parvirostris 680
- soui 653
- - modestus 185
- - poliocephalus 185
- tataupa 671
- undulatus 680, 684, 696
- - simplex 185
- - yapura 186
cubensis, Tyrannus 371
cubla, Dryoscopus 304
Cuculidae 603, 650, 660, 679, 680, 681, 682, 694, 695
Cuculiden 304, 320
Cuculiformes 301, 467
cucullatus, Icterus 689
-, Lophodytes 218, 609, 671
-, Ploceus 311, 451, 453, 689
cuculoides, Aviceda 224
Cuculus 307, 641, 645, 646, 647, 650, 660, 694
- cafer cafer 315
- canorus 306, 308, 647, 660, 671, 673, 689, 694
- - bakeri 309, 687
- - bangsi 687
- - canorus 303, 304, 307, 308, 687
- - gularis 303, 309, 467, 468
- - subtelephonus 306, 309
- - telephonus 306, 309
- clamosus clamosus 306, 315
- fugax 306
- - hyperythrus 306, 687
- - nisicolor 303, 306, 687
- micropterus 309, 394
- - concretus 307, 315
- - micropterus 303, 304, 306, 315
- pallidus 660, 682
- - pallidus 303
- poliocephalus 309, 680, 694
- - lepidus 309
- - poliocephalus 303, 304, 309, 315, 660, 687, 691, 694
- - rochii 660, 687, 694
- saturatus 309
- - horsfieldi 303, 309, 315
- - lepidus 303, 304, 309, 315
- - saturatus 303, 691
- solitarius 306, 315, 691
- sparverioides 307, 309, 672, 691, 694, 696
- - sparverioides 303
- vagans 306, 315, 356
- varius 306, 309
- - varius 303
Culicicapa 421
cumanensis, Ara 295
cuneicauda, Thinocorus 269
cunicularia, Geositta 361
-, Speotyto 324, 692
cunningi, Rallina 654
cupreicaudus, Centropus 320
cupreus, Chrysococcyx 303, 311, 316
cupripennis, Aglaeactis 337
Curaeus 681
curonicus, Charadrius 668
curruca, Sylvia 413, 418, 646, 671, 673, 688

MAX SCHÖNWETTER

Handbuch der Oologie

Band IV

MAX SCHÖNWETTER

HANDBUCH DER OOLOGIE

HERAUSGEGEBEN UND ERGÄNZT VON

Prof. Dr. WILHELM MEISE

Zoologisches Institut und Zoologisches Museum Hamburg

Lieferungen 41–47

AKADEMIE VERLAG

1992

Erscheinungsdaten der Lieferungen Band IV

1985	41. Lieferung:	Seite 1– 64
	42. Lieferung:	Seite 65–128
1986	43. Lieferung:	Seite 129–192
1988	44. Lieferung:	Seite 193–384
	45. Lieferung:	Seite 385–576
1992	46. Lieferung:	Seite 577–723, Tafel 1–9
	47. Lieferung:	Seite 725–811

Die Deutsche Bibliothek – CIP-Einheitsaufnahme

Schönwetter, Max:
Handbuch der Oologie/Max Schönwetter. Hrsg. und erg. von Wilhelm Meise. – Berlin: Akad.-Verl.
NE: Meise, Wilhelm [Hrsg.]

Bd. 4. – 1. Aufl. – 1992
Abschlußaufnahme von Bd. 4
ISBN 3-05-501503-7

Der Akademie Verlag ist ein Unternehmen der VCH-Verlagsgruppe

Vorwort

Der Herausgeber erlebt seine größte Freude. Endlich wird die 47. Lieferung erscheinen, endlich der Schlußpunkt des Werkes „Max Schönwetter, Handbuch der Oologie“, 1960 bis 1992. Ich möchte mich herzlich beim Akademie Verlag bedanken, auch bei den seit langem ausharrenden Lesern und bei den sehr zahlreichen Helfern aus allen Erdteilen.

„Viele wahre Probleme der Oologie sind noch nicht gelöst. Einen Baustein zu legen und damit der Ornithologie und der Biologie zu dienen, ist die Aufgabe dieses Handbuchs“ steht im zweiten (neugefaßten) Vorwort zu Band I, Seite V–VII (Juni 1967). (Das erste Vorwort der 1. Lieferung von 1960, S. X, entfiel damit) und W. HALLER schrieb in der Neuen Zürcher Zeitung am 19. 10. 1961, Blatt 5: Dieses Werk Vogeleierkunde reicht „in die Bereiche der Ökologie und Fortpflanzungsbiologie, der Morphologie und Physiologie sowie der Systematik“.

Schon im erwähnten zweiten Vorwort von 1967 stand zu lesen: „Die Ergänzungen zum ersten Band, um deren Vermehrung gebeten wird ...“ Das dritte Vorwort vom Beginn des Bandes II (November 1967), Seite V–VII, bekräftigte „die Erwartung von Nachträgen für Nonpasseres-Eier“, also für Band I. Alle diese und weitere Ergänzungen konnten erst in Band IV (1988) als Nachträge erscheinen.

Zuvor wurde im Februar 1982 – mit Vorwort 4 – „Teil B. Mathematischer Teil. Berechnungen für Zwecke der Oologie“ (Band IV, Seite 3) veröffentlicht, einschließlich der Beiträge vom Herausgeber: Zusammenfassung des mathematischen Teils, einige Ergänzungen aus neuer Literatur, zitierte Schriften dieses Hauptteils B, Schriften der Ergänzungen, Personalregister, Stichwortregister und Register der wissenschaftlichen und der deutschen Tiernamen; alles betrifft den Mathematischen Teil B.

Zwischen Teil B und C schoben sich nun die sehr umfangreichen Nachträge, dieser zweite Abschnitt von Band IV. Sie ergänzen „A. Systematischer Teil. Kritisch vergleichende Beschreibung der Vogeleier“ (Band I–III). Die Nachträge bringen die laufenden Neuigkeiten seit 1960 bis 1987, soweit der Herausgeber bzw. seine zahlreichen Helfer sie entdeckten (siehe Vorwort 2 und 3) sowie auch ältere Quellen aus der Literatur. Diese Nachträge verweisen auf die Seitenzahlen von Band I (siehe Band IV, S. 179–352, für die Nonpasseres), von Band II (Band IV, S. 359–426) und von Band III (Band IV, S. 432–456). Die geringere Zahl der Passeres-Nachträge nimmt für Band III verständlicherweise ab, da für die letzten Vogelfamilien die meisten Ergänzungen schon dort stehen.

Auch die Fehllisten der noch nicht erwähnten, bis heute beschriebenen Eierarten (Species) sind für Bände I, II und III vermindert und andererseits ergänzt (Band IV, S. 353–358, 426–430, 457–458). Viele Arten wurden Subspecies, und umgekehrt gibt es neu entdeckte Arten. Daraus entnimmt man, daß wir von der Gesamtzahl der Arten – etwa 8600 – bei 2700 (mit Verbreitung) noch nicht wissen, welche Eier sie legen. Diese Eier sind noch nicht „beschrieben“. Immerhin ist nun für etwa sieben Zehntel der Vogelspecies etwas über Form, Färbung und Fleckung, Größe, Relatives Eigewicht, durchschnittliche und Relative Schalengewichte der Eier bekannt. In den Nachträgen stehen etwa 350 Arten „neuer“ Eibeschreibungen unter den rund 5900 Arten. Besonders viele „neue“ Arten lieferten C. J. O. HARRISON und D. T. HOLYOAK, London (Papageien); Lloyd F. KIFF, Los Angeles (vor allem aus Mittel- und Südamerika); Dr. Martin R. DE LA PEÑA, Esperanza, Argentinien (aus Argentinien); Prof. Dr. Hermann RAHN, Buffalo (aus vielen Gebieten, von vielen Mitarbeitern), und Dr. Thorsten STJERNBERG, Helsinki (aus vielen Gebieten). Schon in den frü-

heren Vorworten gedruckte Namen werden hier nicht wiederholt, aber ich wiederhole meinen Dank und schließe als neue Helfer ein: die Damen Dr. Maria KOEPCKE †, Peru; Mary K. LECROY, New York; Katherine RINDLAUB, Santa Barbara, und Barbara STEIN, Berkeley, und die Herren Douglas A. BELL, Berkeley; James DEAN, Washington, D. C.; James A. DICK, Toronto; Dr. Tso-Hsin CHENG, Beijing, Peking; Dr. Wolfgang GRUMMT, Berlin; AdN HARRISON, Los Angeles; Karl HIRSCH, Denver; Dr. Ommo HÜPPOP, Helgoland; Dr. J. INGELS, Destelbergen, Belgien; Prof. Dr. H.-W. KOEPCKE, Lima und Hamburg; L. Wayne LONGCORE, South Brisbane; James M. LONGHLIN, Pittsburgh; Prof. Dr. René DE NAUROIS, Brunoy; Dr. David M. NILES, Delaware; Dr. Ian C. T. NISBET, Arlington; Shane PARKER, Adelaide; Dr. David F. PARMALEE, Minneapolis; Dr. R. A. PAYNTER, jr., Cambridge, Mass.; Dr. Aevar PETERSEN, Reykjavik; Prof. Dr. R. PRINZINGER, Frankfurt a. M.; Dr. Helmut REICHLING, Neunkirchen; Prof. Dr. H. REMMERT, Marburg; Dr. J. V. REMSEN, jr., und Steven W. CARDIFF, Baton Rouge; Dieter RINKE, Bielefeld; Prof. Dr. E. G. F. SAUER †, Bonn; Dr. Erwin Rudolf SCHERNER, Butjadingen; Mark SHEINHILBER, Edmonton; Fred C. SIBLEY, New Haven; Dr. S. WANG, Kunming, Yünnan; Dr. David E. WILLARD, Chicago, und Dr. Zhang XIAOAI, Xining, Sining, China.

Ursprünglich enthielt das Werk nur eine der ersten Fehllisten, die für Nonpasseres. Bei Herausgabe von Band I (Juni 1967) wurde keine feste Zusage für die Fortführung der Vogelartenliste gegeben, da sie zu lang würde. Dankenswerterweise entschloß sich der Verlag auch zur Fehlliste der Passeres (siehe oben). Im nächsten Vorwort (November 1967) konnte also angekündigt werden: „Am Ende des Werkes wird jede bekannte Vogelart angeführt sein, was dem Benutzer manche Mühe abnimmt." Sicher ist es wichtig, daß sich die kritisch vergleichende Beschreibung nicht nur auf die Eier der Arten, sondern auch auf Unterarten bezieht. Erwähnt werden 12261 Formen, also fast ein Drittel der etwa 40000 Arten ohne und mit Unterarten.

Der dritte Abschnitt des Bandes IV wird durch eine Art Vorwort eingeleitet (Seite 476–477, 1988). Dort begründete der Herausgeber, daß die Seiten 478–583 die erste Schriftensammlung von zitierter Literatur über speziell beschreibende Oologie enthält; sie betrifft „Teil A. Systematischer Teil" und gibt neben den bibliographischen Daten auch alle Stellen an, wo der Titel in den Bänden I bis III und in den Nachträgen Band IV zitiert ist. Einige weitere Auskünfte (siehe Band IV, S. 477) über Titel und Fehler erhielt ich mit herzlichem Dank von: U. BEICHLE, Kiel; Dr. E. BEZZEL, Garmisch-Partenkirchen; J. COLEBROOK-ROBJENT, Choma, Sambia; G. R. CUNNINGHAM-VAN SOMEREN, Nairobi; Prof. Dr. W. E. FLINT, Moskau; Prof. Dr. U. N. GLUTZ VON BLOTZHEIM, Sempach; H. HETHKE, Liederbach; Dr. P. LINDBERG, Göteborg; Mag. scient. et cand. med. B. LØPPENTHIN, Skovlunde; W. M. LOSKOT, Skt. Petersburg; Dr. M. L. MORRISON, Berkeley; P. J. MUNDY, Johannesburg, Südafrika; S. NAROSKY, Lanus, Argentinien; N. NOOTZ, Nettetal; C. RAMO, Sevilla, sowie von der Bibliothek des Instituts für Kleintierzucht, Celle.

Außer dem Literaturverzeichnis zu Teil A möge man auch Zitate in „B. Mathematischer Teil" (Band IV, S. 149–154) und in „C. Allgemeiner Teil" (Band IV, S. 717–723) nachschlagen.

Als vorletzter Teil erscheint „C. Allgemeiner Teil, Allgemeine Oologie (vollendet um 1960)". Im ausführlichen Inhaltsverzeichnis des Herausgebers (Seite 587–590) werden 9 Kapitel benannt: 1. Die Entstehung des Vogeleies und die Eischale im Allgemeinen. 2. Die Gestalten der Vogeleier. 3. Die Kalkschale des Vogeleies. 4. Die Oberflächengestaltung beim Vogelei. 5. Färbung und Zeichnung der Eier. 6. Die Schalenhaut des Vogeleies. 7. Bastardeier. 8. Kann man Vogeleier bestimmen? 9. Oologie und Systematik.

Der Allgemeine Teil wurde vom Herausgeber nicht ergänzt. Er sollte ursprünglich von W. MAKATSCH 1951 herausgegeben werden. Dieser wurde aber mit dem Autor nicht einig. Der Herausgeber seinerseits hatte 1951 mit dem Systematischen und dem Mathematischen Teil begonnen. Der Allgemeine Teil erschien nun erst nach der Wende 1991 mit großer Hilfe von Lektor Karl ABEL im Akademie Verlag, Berlin, und ist so eingerichtet worden, daß sogar die uralten Querschliffe von NATHUSIUS im 19. Jahrhundert schön photographiert erscheinen. Der 1960 vollendete und vom Herausgeber nur wenig (Zosterops, Tylas) ergänzte Text ist sicher größtenteils 1930–1950 niedergelegt worden. Der Autor starb 1961*). Der Beitrag des Herausgebers zu diesem Teil besteht im übrigen aus unzähligen Änderungen von lateinischen Namen, Präzisierung von Überschriften,

Gliederung der Tafelfiguren. Manche altertümliche deutsche oder wissenschaftliche Tiernamen tauchen auf. Die allermeisten stehen wie in den übrigen Teilen des Werkes, in der Systematik PETERS (u. a. "Checklist of the birds of the world"). Bei den meisten Fringillidae sollte stehen: Emberizidae und Fringillidae, was aber nicht immer eindeutig ist.

Viel Neues zum Allgemeinen Teil steht auch in den Teilen A und B, da der Herausgeber laufend Beiträge veröffentlichte, die inhaltlich Allgemeines betrafen, z. B. Einzelheiten über Poren der Eischale. In den sechziger Jahren verloren viele Vogelarten mehr Eier durch Brüchigkeit als heute, da die Pestizid-Benutzung zunahm. Viele Angaben über Pestizid-Folgen stehen in den Nachträgen, nur wenige Quellen kann ich an dieser Stelle mit Dankbarkeit erwähnen: Dr. B. CONRAD, Gelsenkirchen; Dr. A. C. COOKE, Peterborough; P. LAPORTE, Cornwallis; Dr. A. S. LEBEDA und J. T. RETTI, Shenandoah; R. A. MOSS, Kinkardinesshire; Dr. I. NEWTON, Cambridge, UK, und T. NYGARD, Oslo.

An den Schluß des Werkes gehört das Register der wissenschaftlichen und der deutschen Tiernamen, mit Angaben, wo die Namen im Text erwähnt sind. Viele Namen im Register sind berichtigt, in Anpassung an den Comprehensive Index, Band 16 der Checklist of the birds of the world, R. A. PAYNTER, jr., Cambridge, Museum of Comparative Zoology, 1987.

Im Verhältnis der besprochenen Zahl der erwähnten 12261 Taxa ist die publizierte Zahl von Vogeleibildern dieses Werkes gering. Der Herausgeber zeigt nur 515 Photos; auch die Variabilität von Färbung und Zeichnung vieler Arten ist nicht bildlich berücksichtigt. Dieser Mangel war schon dem Autor bekannt. Ursprünglich hat er nicht an Bilder gedacht. Die Möglichkeit entstand erst, als Ragnar KREUGER und ihre Helfer (siehe 3. Vorwort 1967, S. V, Band II) Photos aus Helsinki lieferten. Immerhin macht nun ein Ei jeder 12. hier behandelten Vogelart einen bildlichen Eindruck. – Mein Bruder schlug vor, wichtige Werke mit farbigen Eierbildern an dieser Stelle anzuführen. Ein guter Ratschlag. Hier steht nun eine Auswahl in alphabetischer Reihenfolge der Autoren (die Fundstellen befinden sich meistens in der zitierten Literatur, Band IV, S. 478–583):

F. W. J. BAEDEKER (1855–63): Die Eier der europäischen Vögel nach der Natur gemalt. 4 Bände.
H. E. DRESSER (1905–10): Eggs of the birds of Europe. 2 Bände.
C. HARRISON (1975): Jungvögel, Eier und Nester aller Vögel Europas, Nordafrikas und des Mittleren Ostens. Hamburg–Berlin (Verlag Parey). 425 S. 48 Farb-Eitafeln.
C. HARRISON (1978): A field guide to the nests, eggs and nestlings of North American birds. London (Collins). 416 S. 48 Eiertafeln (620 Eier).
C. R. HENNICKE (1896–1905): Naturgeschichte der Vögel Mitteleuropas. 12 Bände.
A. HOOGERWERF (1936): Bijdrage tot de oologie van Java.
J. C. R. JOURDAIN (1906–09): The eggs of European birds.
K. KOBAYASHI und T. ISHIZAWA (1932–40): The eggs of Japanese birds. 3 Bände.
A. KOENIG (1932): Katalog der nido-oologischen Sammlung (Vogeleisammlung) im Museum Alexander Koenig in Bonn a. Rh. 3 Bände und Tafelband.
G. KRAUSE (1905–13): Oologia universalis palaearctica. 78 Teile, unvollendet.
W. MAKATSCH (1974, 1976): Die Eier der Vögel Europas. 2 Bände.
E. W. OATES (1889): The nests and eggs of Indian birds.
E. W. OATES und W. R. OGILVIE-GRANT (1901–12): Catalogue of the collection of birds' eggs in the British Museum. 5 Bände.
A. A. VAN PELT LECHNER (1910–14): Oologia Neerlandica. 2 Bände.
M. R. DE LA PEÑA (1987): Nidas y huevos de aves argentinas.
E. REY (1899–1905, 1912): Die Eier der Vögel Mitteleuropas. 2 Bände.

---

*) Eine Bibliographie Max SCHÖNWETTERS steht 1964 in L. GEBHARDTS „Die Ornithologen Mitteleuropas". Gießen, Brühl, S. 323–324, und ein Nachruf von R. PIECHOCKI in Journal für Ornithologie **102**, S. 486–489, 1961. Über den Herausgeber: J. STEINBACHER: „Dr. phil. habil. Wilhelm MEISE zum 70. Geburtstag". Abh. Verh. Naturw. Ver. Hamburg N. F. **16**, S. 7–9, und W. MEISE „Aus dem Leben eines Jubilars". Seevögel 12, S. (46)–(47), 1991.

Vorwort

F. A. L. Thienemann (1845–54): Einhundert Tafeln colorirter Abbildungen von Vogeleiern.
R. K. Verheyen (1967): Oologia belgica. 2 Bände.
J. M. Winterbottom (1971): Priest's eggs of South Africa.

Im Juni 1992 Wilhelm Meise

Inhaltsverzeichnis Band IV

B. Mathematischer Teil. Berechnungen der Oologie 1
Vorwort 3
Inhaltsverzeichnis des Mathematischen Teils B 5
Nachträge zu Band I „Handbuch der Oologie" 179
Nachträge zur Liste der im Band I nicht behandelten Nonpasseres-Arten 353
Weitere Nachträge zu Band II „Handbuch der Oologie" 359
Berichtigungen und Nachträge zum Register der wissenschaftlichen und deutschen Vogelnamen . 431
Weitere Nachträge zu Band III „Handbuch der Oologie" 432
Nachträge zu Band IV, Mathematischer Teil 459
Weitere Nachträge zu den Bänden I bis IV „Handbuch der Oologie" 461
Bemerkungen, Kürzel und alphabetische Abkürzungen zu den Nachträgen 474
Zitierte Literatur im „Handbuch der Oologie" Band I bis IV
(abgesehen vom Schrifttum der Teile B und C) 476
Teil C. Allgemeiner Teil. Allgemeine Oologie (vollendet um 1960) 585
Inhaltsverzeichnis des Teils C. Allgemeine Oologie 587
Register der wissenschaftlichen und der deutschen Tiernamen 726
Setzfehler und Berichtigungen 811

Abbildungsverzeichnis Band IV

Fig. 1–6 8
Fig. 7. Eierstock (Ovar) eines Vogels im Schema 592
Fig. 8. Schematischer Längsschnitt durch ein unbebrütetes Hühnerei 593
Fig. 9–12 auf Tafel 1. Lage des Eies im Becken (Cygnus, Gavia, Podiceps, Tetrao) 594, 595
Fig. 13 auf Tafel 2. Querschliff durch Crax nigra 600, 601
Fig. 14. Nyctibius griseus. Brütehaltung 608
Fig. 15, 16 auf Tafel 2. Zweckmäßige Lage von Gelegen im Nest 600, 601
Fig. 17. Monströse Eigestalten beim Haushuhn 611
Fig 18–22 auf Tafel 3. Quer- und Flachschliffe durch Eischalen und Dinosaurier-Fundstelle . . 612, 613
Fig. 23–30 auf Tafel 4. Außen- und Innenseite, Quer und Flachschliffe von Dinosauriereiern . 618, 619
Fig. 31–33 auf Tafel 5. Eischalenschliffe von Straußen und eines Häherkuckucks 622, 623
Fig. 34. Alcedo atthis. Ein Baustein der Kalkschale 625
Fig. 35. Schema des Aufbaues der Kalkschale eines Vogeleies 625
Fig. 36–38 auf Tafel 5. Fig. 36. Entwicklung der Prismen von Struthio camelus.
Fig. 37. Abnorm starke Prismen von Struthio camelus.
Fig. 38. Normaler Eischalenschliff von Struthio camelus. 622, 623
Fig. 39–46 auf Tafel 6. Schnitte und Schliffe von Schildkröten-, Strauß-, Pelikan-, Flamingo- und Gänseeiern 630, 631
Fig. 47–50 auf Tafel 7. Das Schalenkorn der europäischen Vogeleier 642, 643
Fig. 51–52 auf Tafel 8. Äußeres und inneres Blatt der Schalenhaut des Hühnereies 706, 707
Fig. 53–55 auf Tafel 8. Schliffe durch Strauß und Moa 706, 707
Fig. 56–60 auf Tafel 9. Querschnitte von Hausgans, Geiern, Ani und Perlhuhn 710, 711

cursor, Coua 319, 356
–, Cursorius 268
Cursorius 603, 663, 664, 676, 677, 713
– cursor 268
– temminckii 268, 665
curtata, Cranioleuca 431
curtus, Euryapteryx 183
curvipennis, Campylopterus 334, 357
curvirostra, Loxia 673
curvirostris, Andropadus 389
–, Nothoprocta 186, 653
–, Phaenicophaeus 318
–, Pycnonotus 389, 391, 429
cuvieri, Dryolimnas 251, 252, 253, 254
–, Falco 238
–, Ramphastos 348
–, Talegalla 240
cuvierii, Phaeochroa 334, 356
cyana, Cyanopica 307, 689
cyane, Luscinia 306
cyanea (recte cyaneus), Cyanerpes 683
–, Passerina 676
cyaneovirens, Erythrina 451
Cyanerpes 603, 633, 680
– cyaneus 683
– – carneipes 442
cyanescens, Terpsiphone 431
cyaneus, Circus 232, 669
–, Cyanerpes 442, 683
–, Malurus 304
cyanicollis, Galbula 345
cyanoberyllina, Augasmus 357
cyanocephala, Amazilia 336
–, Eudynamys 313, 317, 682
–, Psittacula 300
–, Todopsis 415, 419
Cyanocitta 681
Cyanocompsa cyanoides caerulescens 688
– – cyanoides 688
Cyanocorax 681
– caeruleus 667, 694, 695
– chrysops 666
– cyanomelas 665, 667, 694, 695
cyanoides, Cyanocompsa 688
cyanoleuca, Halcyon 342
Cyanoliseus patagonus patagonus 467
cyanomelas, Cyanocorax 665, 667, 694, 695
Cyanophaia 357
– bicolor 335
cyanophrys, Eupherusa 336
Cyanopica 307, 646, 647
– cyana 307
– – cooki 689
– – cyana 689
cyanopis, Columbina 355
cyanoptera, Anas 216
cyanopteryx, Pelargopsis 342
cyanoptila, Collocalia 331
cyanopus, Agelaius 444
Cyanotis 677
cyanovirens, Erythrura 451, 658
cyanurus, Butorides 207, 464
cyanus, Monticola 699
–, Parus 433
cycladum, Otus 321
Cygnus 595, 603, 633, 638, 641, 642, 645, 647, 709
– bewickii 647, 649
– cygnus 594, 626, 647
– melanocoryphus 213
– musicus (recte cygnus) 594
– olor 647, 671, 683
cygnus, Cygnus 594, 626, 647
Cynanthus 357
– latirostris doubledayi 335
– sordidus 335
Cyornis 420
cyornithopsis, Erithacus 401, 404
–, Sheppardia 401, 404, 429
Cyphorinus 397
– aradus lawrencii 398, 429
Cypseloides 331
– lemosi 356
– phelpsi 356
Cypsnagra 681

dabbenei, Penelope 467
Dacela novaeguineae 342
Dacnis 710
– viguieri 457
dactylatra, Sula 200, 201, 202
dahurica, Prunella 399
dalhousiae, Psarisomus 666, 689, 693, 695, 704
damarensis, Colius 339
Damophila juliae juliae 335, 357
Dampfschiffenten 465, 466
Daption 195, 634, 704
– capensis 198, 684
Daptrius americanus 234
– ater 234, 236
darwinii, Nothura 462, 463
–, Rhea 182
Dasylophus superciliosus 313, 318, 356
Dasyornis 412
dasypus, Delichon 385
dauma, Turdus 673
–, Zoothera 660, 673
daurica, Cecropis 471
–, Hirundo 691
davidiana, Montifringilla 452
davisoni, Geokichla 688
–, Pseudibis 669
deborah, Pitta 367, 368
decaocta, Streptopelia 288
decipiens, Streptopelia 288
deckeni, Tockus 345, 358

decoratus, Pterocles 285
decumanus, Psarocolius 674, 682
decussatus, Caprimulgus 676
defilippiana, Pterodroma 197
degodiensis, Mirafra 429
deiroleucus, Falco 222, 236, 238, 354
delawarensis, Larus 273
deliae, Megalaima 346
Delichon 605, 689, 696, 705
– dasypus dasypus 385
– urbica 646, 669
– – urbica 384
deltae, Prinia 688
demersus, Spheniscus 187, 191, 464
Demigretta, Demiegretta 677
– gularis gularis 209
– schistacea 209
Dendragapus obscurus 686
Dendrobiastes 420
Dendrocincla macrorhyncha 426
Dendrocitta 716
– rufa 673
Dendrocolaptes certhia 426
– – nigrirostris 360
Dendrocolaptidae 359, 658, 660, 676, 679, 680, 692, 696, 715
Dendrocolaptiden 599, 669, 684, 685, 715
Dendrocopos 358
– arizonae 352
– elliotii 358
– major 690
– – candidus 351
– – numidus 351
– minor 705
– – kamtschatkensis 351
– stricklandi 358
– syriacus balcanicus 351
Dendrocygna 633, 705
Dendroica 681
– kirtlandii 445, 446
– petechia 445
Dendronessa 245
Dendrortyx 633
– hypospodius 704
– macroura 245
Deroptyus accipitrinus accipitrinus 298
deserti, Ammomanes 381, 677, 678
desertorum, Alaemon 381
desolata, Pachyptila 198, 464
Dessonornis 404
dextra, Piranga 441
diademata (recte diadema), Alethe 401, 404, 472
diadematus, Euplectes 705
–, Stephanophorus 448
dialeucos, Odontophorus 354
diamesus, Anous 280
diana, Cinclidium 411, 680
diardi, Garrulax 411
Diatrymas 257
Diatrymidae 257
Diatrymiformes 257, 258
Dicaeidae 661, 677, 679
Dicaeum 684
– agile 677
dichroa, Cossypha 599, 640
dichrocephalus, Ploceus 452, 453, 457
dichrous, Pitohui 423, 425
dickeyi, Colinus 246
Dickkopfschnäpper 420
Dicruridae 455, 651, 680, 681, 696
Dicruriden 664
dicruroides, Surniculus 313, 317
Dicrurus 305, 306, 309, 467, 674
– adsimilis 309
– – adsimilis 304, 468
– fuscipennis 455
– hottentottus hottentottus 455
– lophorinus 455
– ludwigi 667
– macrocercus 673, 689
– paradiseus ceylonicus 455
– – lophorinus 455
didiformis, Anomalopteryx 183
didii, Butorides 208
Didunculus 290
– strigirostris 285
Diebstyrann 369
diemenensis, Philemon 434, 435, 457
difficilis, Empidonax 446
Diglossa 681
diluta, Riparia 383
dimorpha, Egretta 209
dinellii, Thamnophilus 366
Dinemellia-Weber 676
Dinopium javanense borneonense 350
– – javanense 350
Dinornis 603, 647, 649, 709
– giganteus 183
– ingens 183
– maximus 183
– novaezealandiae 183
– robustus 183
– spec. 706
Dinornithidae 182
Dinornithiformes 181, 184/5
Dinosaurier 258, 600, 612, 613, 617, 618, 619
Diomedea 603, 671, 684
– chlororhynchos 194, 609, 610
– chrysostoma 194
– epomophora 193, 194
– exulans 194
– immutabiliis 194
– irrorata 193
– melanophrys melanophrys 194
– nigriceps 193, 194
diomedea, Puffinus 195, 196

Diomedeidae 193, 194, 195, 660, 664
diops, Hemitriccus 313
diphone, Cettia 416, 640
Diplootocus 660, 671, 672, 685, 695
- moussieri 679
discors, Anas 213, 465
discuroides, Surniculus 313, 317
dissimilis, Crypturellus 687
-, Psephotus 301
Diuca diuca crassirostris 438
diuca, Diuca 438
Dives 681
dodsoni, Burhinus 267
-, Pycnonotus 690
doerriesi, Ketupa 323
dohertyi, Telophorus 429
-, Todopsis 419
Dohle 591
dohrni, Horizorhinus 311
domestica, Columba 287
domesticus, Gallus 10, 244, 460, 626, 700
-, Passer 435, 451, 673, 688
Domicella amabilis 355
- chlorocercus 293, 355
- lory lory 293, 355
- tibialis 293, 355
dominica, Oxyura 217
-, Pluvialis 610
dominicanus, Larus 274
dominicensis, Icterus 445
dominicus, Nomonyx 217
Donacobius 673, 684
- atricapillus 680, 683
- - nigrodorsalis 399
Donacospiza 664
donaldsoni, Caprimulgus 603
dorbignyi, Asthenes 360, 363
-, Thripophaga 360, 363
doris, Tanysiptera 343
dorsale, Toxostoma 398
dorsalis, Lanius 394
doubledayi, Cynanthus 335
dougallii, Sterna 278, 673
Dreizehenmöwen 271, 276
Drepanididae 443
Dromadidae 660
Dromaeocercus 430
Dromaiidae 182
Dromaius 182, 183
- novaehollandiae novaehollandiae 182
Dromas 603, 676, 679, 714
Dromiceiide 182
Dromiceius 182, 183, 603, 637, 638, 640, 659, 667 680, 684
Dromococcyx pavoninus 313
- phasianellus 313
Dromornithidae 182
Drongo 468
Drosseln 604, 642, 652, 660, 664, 672, 686
Drosselrohrsänger 307, 660, 670
drouynii, Crossoptilon 248
dryas, Catharus 402, 407, 430, 431
drygalskii, Anas 465
Drymochaera 603
Drymodes brunneipygia 604
Dryocichloides 404
Dryocopus 704
- javensis javensis 350
- lineatus scapularis 350
- - similis 351
- martius 647
Dryolimnas cuvieri 251, 252
- - cuvieri 253, 254
Dryonastes 677
Dryoscopus cubla hamatus 304
dubium, Scissirostrum 453, 454
dubius, Charadrius 663, 668
-, Hieraaetus 223, 230
-, Lybius 347, 358
duchaillui, Pogoniulus 346, 358
ducorps (statt ducorpsi und ducropsi), Cacatua 294, 355
Ducula 603
- aenea mixta 286
- aurorae 286, 354
- concinna 354
- mullerii mullerii 286, 354
- rosacea rosacea 286, 354
- rufigaster basilica 286
dufresniana, Amazona 297, 355
duivenbodei, Chalcopsitta 292, 293, 355
dukhunensis, Calandrella 379
-, Motacilla 385
dulcis, Neomorphus 318
dumerilii, Amazilia 336
Dumetella 657
- carolinensis 398
dumetorum, Acrocephalus 673
dumonti, Coua 314, 319
duncani, Coturnicops 252, 263
Dupetor flavicollis flavicollis 211
duponti, Acrocephalus 677
durnfordi, Haematopus 258, 259
duvauceli, Megalaima 346
Dyaphorophyia 421
Dysithamnus 469
- ardesiacus 469
- - huallagae 469
- caesia hoffmannsi 469
- mentalis 313
- striaticeps 365, 366, 427

eatoni, Anas 465
eburneirostris, Xiphorhynchus (streichen) 361
ecaudatus, Rallus 254

Echidna 621
Echse 612, 617
Echte Falken 233
Eclectus roratus riedeli 299
– – westermani 299
eduardi, Tylas 696
edwardsii, Carpodacus 450
efulenensis, Centropus 320
egregia, Crecopsis 252
Egretta ardesiaca 208
– dimorpha 209
– garzetta nigripes 208
– gularis 209
– – gularis 209
– – schistacea 209
– intermedia brachyrhyncha 209
– thula 461
– – brewsteri 209
– – thula 209
– tricolor 461
– vinaceigula 208
eichhorni, Monarcha 665
Eidechsen 686, 698
Eingeweidewürmer 612
Eisvogel, Eisvögel 310, 341, 343, 607, 608, 628, 630, 637, 638, 642, 645, 646, 676
Elaenia 370, 374
– leucospodia 370
– parvirostris 374
– spectabilis 370
– – spectabilis 374
– viridicata 370
Elaeniinae 368
elaeodes, Columbigallina 289
–, Columbina 289
Elaninae 220
Elanoides forficatus 220, 666
Elanus 220, 682, 683
– caeruleus 220
– leucurus 220
– scriptus 665
elegans, Buteo 228
–, Eudromia 187, 463, 696
–, Neophema 301
–, Phaps 285
–, Platycercus 605
–, Progne 383
–, Rallus 253, 705
–, Thalasseus 272, 280
eleonorae, Falco 234, 239, 609
Eleonorenfalken 239
elephantopus, Pachyornis 183
elliotii, Mesopicos 358
–, Pitta 427
Ellisia 716
ellsworthi, Pygoscelis 188
Elminia 411, 421
Elseyornis melanops 663
Elster 305
elutus, Thryothorus 397
elwesi, Eremophila 675
Emberiza 311, 603, 647, 663, 665, 667, 682
– aureola 646
– caesia 646, 647
– calandra 309, 435, 646, 647, 665, 673, 692, 693
– cia 646, 665, 694, 695
– cioides 665
– – tarbagataica 436
– cirlus 646
– citrinella 610, 646, 667, 673, 684, 689, 693, 695
– flaviventris 665
– fucata 664, 667, 688, 695
– – arcuata 688
– – fluviatilis 688
– – fucata 688
– – laubmanni 688
– hortulana 646, 647, 690, 693
– leucocephala 646
– melanocephala 646, 647
– pallasi (statt pallasii) minor 435, 437
– pusilla 673
– schoeniclus 435, 459, 600, 665, 673, 681, 690
– – pyrrhuloides 646, 647
– – schoeniclus 646
– yessoensis 435
Emberizidae 435, 646, 651, 681
Emberiziden 389, 663
Emberizoides ypirangensis 457
Emblema 605
Emdener Riesengans 611
Emeus crassus 183
emini, Criniger 390, 392
–, Tauraco 301, 302
Empidonax affinis 372
– difficilis 446
– euleri argentinus 369, 372
Emu 182, 600, 618, 635, 648, 653, 676
enarratus, Caprimulgus 249, 284, 325, 327, 328, 329
Enicurus schistaceus 691
– velatus 685
ensipennis, Campylopterus 334, 357
Enten 213, 217, 591, 597, 599, 603, 605, 609, 610, 612, 622, 630, 633, 636, 637, 640, 642, 649, 651, 653, 659, 669, 684, 692, 699, 700, 702, 705, 713
Entenvögel 605, 714
Eopsaltria 421
– australis griseogularis 424
Eopsaltriidae 411, 421
Eos bornea bernsteini 292
– – bornea 292, 355
– – rothschildi 292
Eozän-Diatrymas 257
Ephthianura 412, 668, 685
epichlora, Urolais 412
Epimachus fastuosus 458

epomophora, Diomedea 193, 194
epops, Upupa 305, 673
eradus, Cyphorhinus 398, 429
Erator 428
Erdferkel 676
Erdracke 344
eremita, Geronticus 211
Eremobius phoenicurus 359, 362, 426
Eremomela 412, 430
– icteropygialis polioxantha 414
– ochropygia 310
Eremophila 382
– alpestris 382
– – balcanica 431
– – brandti 382
– – elwesi 675
– – flava 431
– – nigrifrons 382
– – parvexi 382
– – rubea 675
Eremopterix nigriceps albifrons 381
– – nigriceps 379, 381
– verticalis albifrons 381
Eribates 427
ericetorum, Turdus 689
Eriocnemis alinae 357
– mirabilis 357
– vestitus vestitus 337, 357
Erithacus 404, 646
– cyornithopsis aequatorialis 401, 404
– rubecula 401, 646, 671, 672, 673, 685, 688, 689
– – melophilus 689
– – superbus 688
erithacus, Ceyx 342
–, Psittacus 609
erlangeri, Tchagra 692
ernesti, Falco 238
ernsti, Hirund-apus 356
Erolia 647
– acuminuta 264, 266
– alpina 462, 610, 677
– – alpina 267
– – schinzii 267
– bairdii 263, 266
– maritima 610
– melanotos 264, 266
– minuta 263
– minutilla 266
– ptilocnemis couesi 266, 267
– – tschuktschorum 266
– ruficollis 263, 266
– subminuta 263, 266
erysticta, Monarcha 430
Erythocnus (besser Erythrocnus) 208, 353
erythrinus, Carpodacus 448, 449
erythrocephala, Pipra 375
–, Piranga 457
Erythrocercus 421
– mccallii 430
erythrochroa, Ammomanes 677
erythrocnemias, Accipiter 226
erythrogaster, Hirundo 384
–, Monticola 682, 693, 699
–, Phoenicurus 401
erythronotus, Phoenicurus 401, 405, 652
erythrophthalma, Netta 217
erythropleura, Zosterops 434
erythrops, Cisticola 413
erythropus, Accipiter 226, 227
–, Tringa 610, 663
Erythropygia 646
– barbata 400, 403, 421
– coryphaeus 311
– galactotes 671
– – familiaris 688
– – galactotes 688
– leucophrys 311
– – makalaka 400, 403
– – zambesiana 400, 403
erythropygia, Mirafra 379, 381
erythropygius, Pericrocotus 664
erythropygus, Morococcyx 317, 318, 356
erythrorhyncha, Urocissa 673
erythrorhynchos, Pelecanus 202
erythrorhynchum, Cryptoplectron 242, 247
erythrorhynchus, Buphagus 454, 455
–, Tockus 682
erythrostictus, Monarcha 430
erythrothorax, Stiphrornis 401, 404
Erythrura cyanovirens 451
– – pealei 658
erythrozonus, Pteroglossus 348
esculenta, Collocalia 331
Estrilda astrild astrild 450
– paludicola ochrogaster 450
– perreini incana 450
Estrildidae 450, 451, 459, 684, 702
Estrildiden 450
etesiaca, Sula 202
Eubucco bourcierii salvini 346, 358
Eucichla 367
Eudocimus albus 211
– ruber 211
Eudromia 185, 640, 653, 659
– elegans 696
– – albida 463
– – intermedia 463
– – patagonica 187
– formosa formosa 463
Eudromias 647
Eudynamys scolopacea cyanocephala 313, 317, 682
– – malayana 317
– – scolopacea 302
Eudyptes 187, 189, 190
– chrysocome chrysocome 189, 190

- – filholi 187, 189, 190, 463
- – moseleyi 188, 189, 190
- chrysolophus 187, 189, 190, 463, 634
- – chrysolophus 190
- – schlegeli 190
- crestatus crestatus 189
- pachyrhynchus 187, 189, 190
- robustus 189, 190
- sclateri 190
Eudyptula minor albosignata 191
- – chathamensis 191
- – iredalei 191, 464
- – minor 191
- – novaehollandiae 187, 191
- – variabilis 191, 464
Eugerygone 421
Eulabeia indica 214, 465, 658
Eulabeornis 254
- castaneoventris castaneoventris 254
Eulabetidae 681
Eulampis jugularis 334
Eulen 219, 323, 445, 607, 608, 617, 628, 646, 647, 649, 651, 654, 669, 684, 692, 705
euleri, Empidonax 369, 372
Eulidia yarrellii 338, 357
Eumomota superciliosa superciliosa 343
Eumyias 420
Eunymphicus cornutus uvaeensis 301
euops, Aratinga 295, 355
Eupetes 665
- loriae 682
- macrocercus 430
Eupherusa eximia nelsoni 333, 336, 357
- nigriventris 357
- poliocerca cyanophrys 336
Euphonia luteicapilla 441
Euplectes 603, 641, 669, 681, 702, 704
- afer afer 453
- diadematus 705
- flammiceps 314
- hordeaceus 314
- orix 311, 649
- – orix 452, 453
- – sundevalli 453
- taha 664
Eupoda asiatica 260
- montana 673
Eupodotis 676
- rüppellii 659
Euptilotis 339
- neoxenus 340, 357
Eurenetes mauri 263, 266
eurhythmus, Ixobrychus 210
Eurocephalus anguitimens 393, 668
- – anguitimens 688
- – rüppelli 688
europaea, Sitta 646
europaeus, Caprimulgus 326, 328, 329, 673, 687
europoea, Pyrrhula 673
Eurostopodus 603
- macrotis cerviniceps 668
- temminckii 325, 327
Euryapteryx curtus 183
- exilis 183
- geranoides 183
- gravis 183
- tana 183
eurycercus, Centropus 319
eurycricota, Zosterops 434
eurygnathus, Thalasseus 272, 279, 467
eurylaemus, Smithornis 359
Eurylaimidae 359, 651, 680, 681, 682
Eurylaimiden 704
Eurylaimus javanicus javanicus 359
Eurynorhynchus 263
- pygmaeus 263, 266
Eurypyga 649, 681
euryzona, Alcedo 341
Euscarthmus 677
euteles, Trichoglossus 292, 355
Eutettix tenella 219
Eutoxeres aquila heterura 334, 356
- – salvini 334
Eutrichomyias 421
Excalfactoria adansonii 686, 687
- chinensis 672, 686
- – chinensis 687
- – lepida 687
excellens, Tapera 313, 317
excisa, Sula 201
excubitor, Lanius 307, 309, 394, 694
exilis, Eryapteryx 183
–, Indicator 347
–, Laterallus 255
–, Loriculus 301, 356
eximia, Bleda 390, 391, 429
–, Eupherusa 333, 336, 357
exsul, Tockus 345
externa, Pterodroma 195, 197
exulans, Diomedea 194
exustus, Pterocles 692

fajumensis, Stromeria 183
falcinellus, Limicola 673
–, Plegadis 212
Falco 233, 234, 235, 636, 646, 651, 665, 668, 671, 678, 680, 684, 696
- albigularis albigularis 238
- amurensis 235
- araea (statt araca) 240, 354
- berigora berigora 234
- biarmicus biarmicus 234, 237
- – feldeggii 234, 237, 646
- cenchroides cenchroides 234
- cherrug 237, 646

– – cherrug 234
– – milvipes 234
– chicquera 234
– – chicquera 235
– – ruficollis 234, 239
– columbarius aesolon 234, 239, 646, 647
– – bendirei 239
– – christianiludovici 239
– – columbarius 239
– – lymani 234, 239
– – pallidus 239
– cuvieri 238
– deiroleucus 222, 236, 238, 354
– eleonorae 234, 239, 609
– fasciinucha 234, 238, 354
– femoralis 234, 239
– – pichinchae 239
– fuscocaerulescens 239
– jugger 234
– longipennis longipennis 234
– mexicanus 234, 237
– moluccensis javensis 239
– – microbalia 239
– – occidentalis 240
– naumanni 235
– peregrinus 234, 238, 605, 646, 689
– – anatum 234, 238
– – babylonicus 234
– – calidus 234
– – ernesti 238
– – germanicus 234, 237
– – macropus 234, 238
– – pealei 234, 238
– – perconfusus 234
– – peregrinoides 234
– – peregrinus 234, 237
– – tundrius 238
– punctatus 234, 240
– rufigularis 234
– – rufigularis 236, 238
– rusticolus 234, 646, 670
– severus papuanus 238
– – severus 238, 239
– sparverius cinnamominus 235
– – sparverius 235, 240, 466
– subbuteo 646, 662
– – jugurtha 684
– – subbuteo 234
– subniger 234
– tinnunculus 240, 662, 666, 689
– – interstinctus 235
– – rupicolaeformis 691
– – saturatus 235
– – schäferi 648
– – tinnunculus 234
– vespertinus 235
Falconidae 219, 233, 235, 600, 684, 695, 714
Falconiformes 218, 219, 235, 320, 322, 466, 638, 680, 696
Falcunculus 605, 664
Falken 233, 604, 629, 633, 636, 638, 652, 658, 659, 664, 676, 683, 684, 696, 704, 714
falklandica, Cathartes 687
fallax, Leucippus 335
familiaris, Acrocephalus 413
–, Cercomela 402, 405
–, Certhia 459
–, Erythropygia 688
famosa, Nectarinia 434
fanny, Myrtis 338
farinosa, Amazona 298
farquhari, Halcyon 342
Fasan, Fasanen 610, 630, 654, 660, 713
fasciata, Columba 287
fasciatus, Hieraaetus 220, 646, 647
fasciicauda, Milvus 225
fasciinucha, Falco 234, 238, 354
fasciolata, Camaroptera 412, 414, 419
fasciolatus, Calamonastes 412
–, Circaetus 233
fastuosus, Epimachus 458
fayi, Pycnonotus 690
feae, Pterodroma 197
fedea, Limosa 610
Feigenpirol 313
feldeggi, Motacilla 471
feldeggii, Falco 234, 237, 646
Feldhühner 642
Feldlerche 670
femoralis, Falco 234, 239
–, Scytalopus 427
ferina, Aythya 213
–, Nyroca 213, 671
fernandensis, Sephanoides 337, 357
ferrea, Saxicola 688
ferrocyanea, Myiagra 422, 424, 430
ferruginea, Oxyura 218
ferrugineus, Laniarius 309
–, Pitohui 683
fervidus, Caprimulgus 326, 328
festiva, Amazona 298, 355
Ficedula 420, 421
– albicollis 679
– hypoleuca 421, 424, 669, 679, 685
– – hypoleuca 408, 421, 424
– strophiata 676
fidens, Accipiter 226
filholi, Eudyptes 187, 189, 190, 463
Finken 604, 642, 652, 664, 672, 686, 699, 710
finschii, Micropsitta 293, 355
Fischadler 233, 715
Fische 617
fischeri, Centropus 320
–, Francolinus 683, 687
–, Ploceus 693
fitis, Phylloscopus 408

fitzroyi, Cacatua 294
Flachschnäpper 421
Flamingos 607, 629, 631, 639, 684, 690, 704, 713
flammea, Acanthis 449
–, Carduelis 701
Flammenweber 314
flammeus, Asio 324
–, Pericrocotus 310
flammiceps, Cephalopyrus 715
–, Euplectes 314
flammula, Selasphorus 338, 357
flava, Eremophila 431
–, Lalage 693
–, Motacilla 10, 385, 386, 471, 646, 647, 665, 673, 690
–, Piranga 441
flaveolus, Basileuterus 443
flavicans, Trichoglossus 292
flaviceps, Auriparus 677, 715
flavicollis, Dupetor 211
flavida, Apalis 414, 418
flavidior, Myiarchus 372
flavifrons, Melanerpes 351
flavigaster, Microeca 422, 604
–, Nectarinia 304
–, Xiphorhynchus 360, 361, 426, 431
flavigularis, Platyrinchus 431
flavirostris, Acanthis 449
–, Anairetes 373
–, Anas 217, 218
–, Anser 464
–, Columba 287
–, Phibalura 693
–, Porphyrula 256
flaviventer, Myioborus 442
–, Porzana 252, 255, 354
flaviventris, Chlorocichla 391
–, Emberiza 665
–, Pezoporus 301
–, Prinia 418, 680
flavolateralis, Gerygone 312, 415, 420
flavostriatus, Phyllastrephus 390, 391, 680, 684
flavotinctus, Picumnus 349
flavovirens, Phylloscartes 428
flavus, Celeus 350
Fliegenschnäpper 412, 420, 421, 664
floccosus, Pycnoptilus 683
Florisuga mellivora mellivora 334
Fluchtkuckuck 306
Flughühner 604, 715
Flußseeschwalbe 271, 276
fluviatilis, Emberiza 688
–, Prinia 430
Fluvicola 605, 668
– pica 444
Fluvicolinae 368
forbesi, Charadrius 260, 261
–, Rhinoptynx 324
forficata, Muscivora 369, 371
forficatus, Elanoides 220, 666
–, Tyrannus 369, 371
Formicariidae 365, 469, 651, 679, 680, 681, 685, 715
Formicariiden 313, 704
Formicivora 710
formicivora, Myrmecocichla 676
formosa, Calocitta 456
–, Eudromia 463
–, Megaloprepia 286, 354
formosus, Icterus 446
Forpus passerinus 291
– xanthops 355
forsteri, Aptenodytes 187, 188
–, Pachyptila 195
–, Sterna 278
fortipes, Cettia 304
fossii, Scotornis 329, 691
francesii, Accipiter 225
Francolinus 244, 245, 638, 646, 658, 666, 680, 684, 696
– adspersus 243, 247
– bicalcaratus 683
– – adamauae 247
– – thornei 247
– böhmi 683
– castaneicollis 243
– – bottegi 243
– coqui angolensis 246
– – coqui 242, 246
– cranchi 683
– fischeri 683
– granti 683
– gularis 691
– hartlaubi bradfieldi 243, 247, 354
– hildebrandtii fischeri 687
– – grotei 687
– lathami 603, 674, 696
– levaillantii jugularis 247
– ochropectus 243, 247
– rovuma 683
– sephaena 603, 649
– – thompsoni 687
– squamata 683
Franklinia 679
Frankoline 618, 621, 630, 636, 683
frantzii, Catharus 403, 407
–, Ortalis 241
–, Pteroglossus 348
–, Semnornis 346, 358
Fraseria (statt Frasseria) 420
– cinerascens cinerascens 421, 424, 430
Fratercula 282, 647, 664, 669, 671
Fregata 603, 634
– aquila 205, 206
– ariel 205
– – iredalei 205, 206

- minor aldabrensis 205, 206
Fregatidae 679
Fregetta 664
- grallaria grallaria 199
- - leucogaster 199
fretensis, Belonopterus 260
freycinet, Megapodius 240, 637
Fringilla 681
- coelebs 422, 604, 660, 665, 673, 675, 683, 689, 693, 695, 710
- - canariensis 604
- - coelebs 448, 692
- teydea 604
fringillaris, Calandrella 379, 382
fringillarius, Microhierax 236
Fringillidae (zum Teil Emberizidae) 447, 646, 651, 652, 661, 667, 676, 679, 680, 681, 685, 715
Fringilliden 668, 701
fringillirostris, Acanthis 671
frontalis, Anarhynchus 663
-, Anser 465
-, Carpodacus 688
-, Phoenicurus 652
-, Pyrrhura 296
-, Synallaxis 363
frugilegus, Corvus 647, 671, 673
fucata, Emberiza 664, 667, 688, 694
fuciphaga, Collocalia 330, 331
fuciphagus, Aerodromus 331
fuegiensis, Milvago 236
fuelleborni, Alethe 472
-, Macronyx 385, 386
fugax, Cuculus 303, 306, 687
fulgidior, Pachyramphus 376, 377
fulgidus, Psittrichas 299
Fulica 638, 664
- atra 253, 647, 691, 703
- - lugubris 257
- caribaea 257
- cristata 257
- gigantea 253, 257, 664, 665
- newtoni 251
- rufifrons 253
fulica, Heliornis 257
fuliginiceps, Leptasthenura 363, 427
fuliginosa, Petrochelidon 384, 426
-, Schizoeaca 427
fuliginosus, Buteo 229
fuligula, Aythya 213, 217, 600
-, Nyroca 213, 217, 671
Fulmarus 195, 282, 603, 635, 636, 638, 641, 642, 646, 662
- glacialis 195, 197, 198, 638
- - glacialis 282
- - rogersii 195
- glacialoides 195, 198
fulva, Aquila 230
-, Branta 214
-, Petrochelidon 384
fulvescens, Catharus 407
-, Picumnus 358
-, Prunella 399
fulvicapillus (recte ruficapillus), Agelaius 444
fulviventris, Caprimulgus 326, 329
-, Turdus 409
fulvus, Gyps 231, 232
-, Turdoides 678
fumigatus, Contopus 428
-, Turdus 430
fumosus, Catharus 402, 407
funereus, Aegolius 324
-, Calyptorhynchus 293, 294
-, Oryzoborus 439
furcata, Oceanodroma 198, 199
-, Thalurania 335
Furnariidae 359, 360, 436, 660
Furnariiden 313, 359, 360
Furnarius 234
- rufus rufus 359
fusca, Iodopleura 376
-, Melanitta 217
-, Nectarinia 310, 433
-, Phoebetria 194
fuscata, Ortygospiza 450
-, Sterna 279, 603
fuscater, Catharus 402, 407
fuscescens, Catharus 684
fuscicauda, Habia 441
-, Ramphotrigon 370, 373, 428
fuscicollis, Poicephalus 292
fuscipennis, Dicrurus 455
-, Synallaxis 363
-, Tinamus 185
fuscirostris, Talegalla 240
fuscocaerulescens, Falco 239
fuscopileus, Halcyon 342
fuscus, Cinclodes 362
-, Larus 273, 274
-, Picumnus 358
-, Pionus 297, 355

gabonensis, Ortygospiza 450
-, Stiphrornis 401, 404
gadowi, Nectarinia 688
Gänse 600, 604, 616, 617, 629, 630, 635, 640, 641, 651, 659, 705, 710, 713
gaini, Sterna 277, 278
galactotes, Cisticola 691
-, Erythropygia 671, 688
galapagoensis, Asio 324
-, Buteo 222, 227, 353
-, Nesopelia 288, 355
-, Zenaida 288
galatea, Tanysiptera 343
Galbula 640, 649, 684

- albirostris cyanicollis 345, 358
- ruficauda brevirostris 345
- - melanogenis 345
- - ruficauda 345
Galbulidae 599, 629, 640, 676, 679, 703, 704, 710, 713
galeata, Gallinula 693
-, Numida 249
Galeoscoptes 684, 692
galericulatus, Platylophus 716
Galerida 690
- cristata 673, 696
- - somaliensis 382
- magnirostris harei 380, 382
- - magnirostris 382
- theklae 675
galerita, Cacatua 294
gallardoi, Podiceps 192
galliae, Pica 305
Gallicolumba rubescens 290, 355
- tristigmata bimaculata 290
- - tristigmata 290
- xanthonura 290, 355
gallicus, Circaetus 232, 609
Galliformes 240, 467, 715
gallinago, Capella 262, 265, 668
gallinarum, Accipiter 225
Gallinula 213, 605, 647, 689
- angulata 253
- chloropus 605, 673, 703
- - brachyptera 604/5
- - chloropus 604
- comeri 253, 256 (31. Zeile von unten)
- galeata 693
Gallirex porphyreolophus chlorochlamys 302
- - porphyreolophus 302, 356
gallopavo, Meleagris 249, 626, 699
Gallus 244, 460, 638, 639, 705, 709
- gallus 284, 395
- - bankiva 248
- - cochinchinensis 709
- - domesticus 10, 244, 245, 460, 626, 700
gallus, Gallus 10, 244, 245, 248, 284, 395, 460, 626, 700
Gampsonyx 220, 221
- swainsonii 353
- - leonae 224
gangetica, Amyda 630
Gans, siehe Gänse
garleppi, Merganetta 213
garrula, Ortalis 241
Garrulax 314, 668, 677, 681, 685, 696
- albogularis 657
- leucolophus 676/7
- - diardi 411
- milnei sharpei 660
- pectoralis 305
- - pectoralis 304
- perspicillatus 410
- sannio sannio 410, 411
- vassali 411
Garrulus 647, 664, 666, 683
- glandarius 673
garrulus, Bombycilla 673, 682
garzetta, Egretta 208
Gavia 462, 593, 595, 600, 607, 608, 638, 646, 647, 649, 684
- arctica 594
- arctica viridigularis 191
- immer 671
- - immer 192
- pacifica 191
- stellata 639
gavia, Puffinus 196
Gaviidae 660, 681
Gaviiformes · 191
gayi, Attagis 268, 693
-, Phrygilus 435, 437
Gecko 600
Geier 223, 604, 682, 710, 711
Gelochelidon nilotica aranea 276
genei, Larus 270, 684, 693
Gennaeus 684, 699
- lineatus 703
- nycthemerus 699
- - ripponi 248
gentilis, Accipiter 10, 225, 646, 669, 680, 705
Genyornis 182
- newtoni 182
Geococcyx 633, 654
- californianus 302
- velox melanchima 318
geoffroyi, Geoffroyus 299, 356
-, Neomorphus 313, 318, 356
Geoffroyus geoffroyi aruensis 299, 356
Geokichla 681
- sibirica davisoni 688
- - sibirica 688
Geomyda spec. 630
- therminalis 612, 617
Geopelia humeralis gregalis 289
- - humeralis 289
georgiae, Sterna 278
georgianus, Phalacrocorax 204
georgica, Anthus 386
Geositta 360
- cunicularia titicacae 361
- peruviana paytae 261, 426
- rufipennis rufipennis 361
- tenuirostris 361, 426
Geospiza 438
Geospizinae 435
Geothlypis semiflava bairdi 442
Geotrygon 289, 290
geranoides, Euryapteryx 183
Geranospiza 220
- caerulescens caerulescens 232

– – livens 232
– – nigra 232
germanicus, Falco 234, 237
Geronticus eremita 211
Gerygone albofrontata 420
– flavolateralis flavolateralis 312, 415, 420
– hypoxantha 430
– igata igata 304, 415, 420
– magnirostris mimikae 317, 420
– olivacea 312
– palpebrosa personata 304
gibberifrons, Anas 216
gibraltariensis, Phoenicurus 701
gigantea, Fulica 253, 257, 664, 665
giganteus, Dinornis 183
–, Hirund-apus 356, 669
–, Macronectes 195
gigas, Collocalia 330, 603
–, Coua 319, 356
–, Patagona 704
gilvicollis, Micrastur 235
gilvus, Nyctidromus 327
Gimpel 674, 701, 702
ginginianus, Neophron 709, 710
Girlitz 701
glabrirostris, Melanoptila 398, 399, 429
glacialis, Fulmarus 195, 197, 198, 282, 638
glacialoides, Fulmarus 195, 198
glandarius, Clamator 303, 304, 314, 622
–, Garrulus 673
Glanzstare 304, 652, 672, 685
Glareola 267, 647
– glareola 267
– lactea 675
– nordmanni 267
– nuchalis liberiae 269
– pratincola 693
– – boweni 269
glareola, Glareola 267
–, Tringa 673
Glareolidae 267, 667, 681
Glaucidium brasilianum phaloenoides 323
Glaucis hirsuta aenea 333
– – affinis 333
glaucus, Anodorhynchus 294, 355
Glossopsitta pusilla 605
Glyciphila 715
Gnorimopsar 667, 681
Gobipterygiformes 179
Gobipteryx minuta 179
godlewskii, Anthus 386, 387, 429
Goldammer 702
Goldhähnchen 411, 599, 658, 698
goldiei, Psitteuteles 293, 355
goliath, Ardea 604
goodenovii, Petroica 424
Gorsachius 677
gouldi, Circus 224
–, Lophornis 334
–, Manucodia 715
–, Pterodroma 198
Goura 603
– scheepmakeri sclaterii 290
goyderi, Amytornis 415, 419
gracilirostris, Acrocephalus 473
–, Calamocichla 473
–, Catharus 402, 407
cracilis, Oceanitis 199
–, Piaya 705
–, Prinia 680, 688
–, Pycnonotus 389, 391, 429
Gracula 681
– graculina graculina 304
– religiosa religiosa 453
graculina, Gracula 304
graeca, Alectoris 609, 687
–, Testudo 612
graellsi, Larus 274
Grallae 713
Grallaria 469, 685, 715
– guatimalensis guatimalensis 366
– haplonota haplonota 366
– macularia 469
– – macularia 470
– nuchalis 427
– perspicillata 469
– punensis 427
– varia imperator 365
– – varia 365, 366
– watkinsi 427
grallaria, Fregetta 199
Grallina 674
– picata 673
Grallinidae 680
grandidieri, Aepyornis 184
grandis, Melocichla 413, 417
–, Phoenicurus 401
grainicola, Thripohaga 426
granti, Francolinus 683
–, Sula 200, 201, 202
Grasmücken 411, 412, 421, 650
Graucalus 660
graueri, Phyllastrephus 390, 391
gravis, Euryapteryx 183
grayi, Ammomanes 378, 379, 380, 381, 429
–, Argusianus 244
gregalis, Geopelia 289
gregaria, Chettusia 647
gregarius, Vanellus 610
Greifvögel 190, 219, 225, 243, 322, 445, 597, 599, 604, 605, 607, 608, 629 642, 646, 652, 664, 666, 668, 680, 682, 684, 709, 713, 715
greyii, Ptilinopus 286, 354
grillii, Centropus 320
grisegena, Colymbus 193
–, Podiceps 193

griseiceps, Serpophaga 428, 431
–, Tityra 376, 378
griseogularis, Eopsaltria 424
griseopyga, Pseudhirundo 383
griseotincta, Reinwardtoena 288
grisescens, Mirafra 378, 380
griseus, Limnodromus 265
–, Nyctibius 325, 608
–, Puffinus 198
griveaudi, Accipiter 225
Groß-Emus 182
Großtrappe 660
grotei, Francolinus 687
Grünling 701, 702
Gruidae 250, 680, 681, 694
Gruiformes 249, 250, 257
Grus 646, 649, 660, 684, 714
– americana 250
– canadensis canadensis 250
– – nesiotis 609
– grus 251, 689, 709
– leucogeranus 251
– monacha 250
– vipio 250
grus, Grus 251, 684, 709
grylle, Cepphus 283, 647, 693
grzimeki, Threnetes 356
Guadalcanaria undulata 435
Guara alba 211, 684, 699
– rubra 211, 666, 699
guarauna, Plegadis 212, 213
guarouba, Aratinga 295
guatemalae, Amazona 298
–, Otus 322, 356
guatemalensis, Amaurolimnas 251, 254
–, Campephilus 352
–, Phloeoceastes 352, 358
guatimalensis, Grallaria 366
Gubernatrix 668, 681
– cristata 436
Gubernetes 369, 371
guildingii, Amazona 298, 355
guilelmi, Poicephalus 299, 355
guimeti, Klais 334, 357
guineae, Sterna 279
guineensis, Phoeniculus 344
Guira 629, 634, 635, 640, 642, 669, 683, 696
– guira 303
guira, Guira 303
gujanensis, Odontophorus 242, 246
–, Synallaxis 313
gularis, Accipiter 227
–, Cuculus 303, 309, 468
–, Demigretta 209
–, Egretta 209
–, Francolinus 691
–, Melittophagus 344
–, Merops 344
–, Monticola 400, 406
–, Nicator 390
–, Rallus 254, 693
gulgula, Alauda 380, 382, 675
gulielmi (recte guilelmi), Poicephalus 355
gurneyi, Podiceps 193
–, Zoothera 472
gustavi, Anthus 387
guttata, Poephila 626
–, Tyto 320
guttatus, Ixonotus 389, 391
–, Xiphorhynchus 360
Guttera plumifera plumifera 249
guttuliger, Premnornis 427
gutturalis, Myrmotherula 365, 366, 427
–, Pseudoseisura 360, 364, 427
guy, Phaethornis 333
gwendolenae, Thalasseus 279
Gygis 603, 665
– alba alba 280
– – rothschildi 280
Gymnobucco bonapartei 346
Gymnocrex plumbeiventris 252
Gymnoderus 375
Gymnogenys 232, 629, 680, 683
– typicus 232
– typus 232, 714
Gymnogyps 219, 603
– californianus 218, 220
Gymnorhina 674
– leuconota 673
Gymnorhinus 681
Gypaetinae 223
Gypaetus 220, 223, 604, 641, 642, 647, 668, 680, 684
– barbatus meridionalis 232
Gypohierax 220
Gyps 220, 603, 647, 669, 682, 683
– africanus 232
– (fulvus) coprotheres 231
– fulvus jonesi 232
– indicus nudiceps 231
– – tenuirostris 231

Habia fuscicauda fuscicauda 441
– – willisi 441
Habichte 220, 604, 658, 684
Habrura 370, 373
Häherkuckuck 305, 622, 623
haemacephala, Megalaima 346
haematina, Spermophaga 450
haematodus, Trichoglossus 291, 292, 605
Haematopodidae 680
Haematopus 647, 667, 671
– ostralegus durnfordi 258, 259
– – moquini 259
– – occidentalis 259

– – ostralegus 259
– – pitanay 259
Haematortyx sanguiniceps 243, 248, 354
haematuropygia, Cacatua 294, 355
haemorrhous, Cacicus 446
Hänfling 701, 702
Hagedasch 699
Hagedashia 638, 665, 680
Halcyon chloris chloroptera 343
– – laubmanniana 343
– – santoensis 342, 343
– cinnamomina reichenbachii 342, 343, 358
– farquhari 342
– leucopygia 342, 358
– lindsayi lindsayi 343, 358
– sancta vagans 669
– – westralasiana 342
– senegalensis cyanoleuca 342
– – fuscopileus 342
– torotoro pseustes 342
– tuta tuta 343, 358
– venerata venerata 343, 358, 469
Haliaeetus 220, 647, 669, 682, 683, 709, 715
– albicilla 231, 691
– leucocephalus 220, 691
– – leucocephalus 231
– pelagicus 466
– – pelagicus 466
– – vociferoides 231, 353
haliaetus, Pandion 233
Haliastur 220
halimodendri, Sylvia 413, 418
hallae, Pycnonotus 429
halli, Macronectes 195
–, Pomatostomus 409, 410, 430
Halobaena belcheri 198
– caerulea 198
hamatus, Dryoscopus 304
hanedae, Phalacrocorax 204
haplonota, Grallaria 366
harei, Galerida 380, 382
haringtoni, Acrocephalus 688
– (recte harrisoni), Catharus 407
–, Saxicola 688
harmani, Crossoptilon 248
Harpactes oreskios oreskios 341
Harpagus 220
– bidentatus 222, 225, 353
– – bidentatus 225
Harpia 220
– harpyja 229
Harpiprion caerulescens 211, 212
Harpyhaliaetus 220, 222
– coronatus 222, 229, 466
– solitarius sheffleri 229
harpyja, Harpia 229
Harpyopsis 220
harrisoni, Catharus 402, 407, 430
hartlaubi, Accipiter 227
–, Francolinus 243, 247, 354
–, Otus 356
–, Tauraco 301
–, Turdoides 306
hartlaubii, Larus 275
–, Lissotis 258
Haselhuhn 702
Haubenlerchen 678
Haubentaucher 193, 594
Hausente 609, 615, 636, 671
Hausgans, s. auch Nilgans 611, 616, 710, 711
Hausgeflügel 612
Haushahn 591
Haushuhn 10, 244, 245, 446, 460, 461, 591, 592, 593, 594, 597, 599, 606, 609, 610, 611, 612, 613, 615, 617, 618, 621, 622, 626, 630, 637, 642, 649, 654, 655, 659, 662, 669, 672, 674, 677, 684, 692, 696, 697, 699, 700, 702, 705
Hausperlhuhn 249
Hausrotschwanz 308
Haussperling 451, 659
Hausstrauß 461
hauxwelli, Turdus 430
hazarae, Caprimulgus 687
hebetior, Monarcha 665
hebridensis, Troglodytes 678
–, Turdus 678
heinei, Larus 272
heineken, Sylvia 688
Heliactin bilopha 338
– cornuta 338
Heliangelus amethysticollis 357
– – laticlavius 337
– mavors 337
– micraster 357
– regalis 357
Heliochera rufaxilla 375, 377, 428
Heliodoxa imperatrix 357
– rubinoides aequatorialis 337, 357
– xanthogonys 357
Heliomaster longirostris pallidiceps 338, 357
Heliopais 693
Heliornis fulica 257
Heliornithidae 681
Heliothrix aurita phainolaema 338
Helix pomatia 206
helleri, Turdus 403, 408, 430
hellmayri, Catharus 402, 407
–, Cercomela 402, 405
–, Leptopogon 374
–, Leptotila 290
–, Piaya 318
–, Tyto 321
hemachalana, Bubo 323
Hemicircus concretus concretus 352
Hemignathus virens virens 443
hemilasius, Buteo 666

hemileucoptera, Pica 456
Hemiprocne 603, 654
Hemiprocnidae 676, 716
Hemispingus parodii 457
Hemitriccus 370, 373, 428
- cinnamomeipectus 428
- diops 313
- iohannis 428
- kaempferi 428
- (statt Snethlagea) minor 428
- zosterops 428
hemprichi, Tockus 345, 358
Henicophaps albifrons albifrons 289, 355
Henicorhina leucophrys mexicana 398
- leucosticta prostheleuca 398
henryi, Chordeiles 686, 687
heothinus, Trogon 340
Herbivocula 411, 426
Heringsmöwe 274
Herodias 460
herodias, Ardea 207
Herpetotheres 233, 466
- cachinnans cachinnans 234
- - chapmani 235
- - queribundus 233, 235, 466
hershkovitzi, Tinamus 462
Heteranax 421
Heterocnus 206
- cabanisi 210
- mexicanus 206, 210
Heteromirafra ruddi archeri 381
Heteronetta 213
- atricapilla 216
Heteroscelus brevipes 262, 264
Heterospizias 220
Heterotrogon 339
- vittatus 357
- - camerunensis 340
heterura, Eutoxeres 334
heyi, Ammoperdix 678
hiaticula, Charadrius 260, 261, 610, 689
hibernans, Rallus 253
Hieraaetus 223, 668
- ayresii 223, 230
- dubius 223, 230
- fasciatus 220, 646, 647
- pennatus 466, 647, 705
Hierococcyx 694
Hierophasis nycthemerus 699
- swinhoii 699
hildebrandtii, Francolinus 687
himalayensis, Tetraogallus 246
Himantopus 647
- himantopus 609
himantopus, Himantopus 609
-, Micropalama 267
hindei, Turdoides 410
hindwoodi, Meliphaga 457
Hippolais 411, 641, 646, 659, 682, 684, 716
- icterina 671, 683, 693
hirsuta, Glaucis 333
Hirund-apus ernsti 356
- giganteus 669
- - celebensis 356
- - giganteus 356
Hirundinidae 383, 470, 660, 676, 679, 680, 704
Hirundo 641, 654, 664, 667
- albigularis 383
- atrocaerulea 383, 384
- daurica striolata 691
- nigrorufa 383, 384, 429
- riparia 646
- rustica 646, 687
- - erythrogaster 384
- - rustica 384, 691
- smithii 383
- striolata 607
- tahitica albigularis 384
- - tahitica 384
- urbica 646
hirundo, Sterna 270, 271, 276, 671 673, 675, 691, 705
hispaniae, Buteo 228
hispanica, Alectoris 246
-, Oenanthe 406
hispanus, Bubo 323
Histrionicus histrionicus pacificus 217
histrionicus, Histrionicus 217
hoactli, Nycticorax 210, 460
hochstetteri, Notornis 257
hodgsonii, Prinia 414, 418
Hodgsonius 657, 684
hoffmanni, Trogon 340
hoffmannsi, Thamnophilus 469
Hohltaube 606
hokrae, Acrocephalus 688
holdereri, Melanocorypha 381
holochlora, Aratinga 295
holomelaena, Psalidoprocne 385
holospilus, Spilornis 353
Hoploxypterus cayanus 261
hordeaceus, Euplectes 314
Horeites 309
- cantans 309
Horizorhinus dohrni 311
horsfieldi, Cuculus 303, 309, 315
hortensis, Sylvia 646, 688
hortulana, Emberiza 646, 647, 690, 693
horus, Apus 356
hottentottus, Dicrurus 455
huallagae, Dysithamnus 469
hudsonius, Circus 232
Hühner, Huhn (siehe Haushuhn) 460, 591, 593, 594, 597, 604, 611, 612, 615, 617, 621, 622, 629, 633, 648, 662, 668, 677, 692, 699, 700, 702, 704, 706, 707, 713

Hühnerartige 662, 715
humayuni, Pycnonotus 390
humbloti, Ardea 206, 353
Humblotia 421
humei, Phylloscopus 304
humeralis, Ammodramus 437, 676
–, Geopelia 289
–, Lanius 659
humilis, Campylorhynchus 397
–, Ichthyophaga 231
–, Pseudopodoces 687
hungarica, Calandrella 378, 379, 381
hunsteini, Lonchura 451, 457
huttoni, Prunella 400
hyazinthinus, Anodorhynchus 294, 355
hybrida, Chlidonias 276, 687
Hydrobates 646, 664
– pelagicus 199, 690
Hydrobatidae 198, 660, 664
Hydrobatiden 199
Hydrophasianus 599, 600, 608, 611, 640, 683, 710
Hylacola 603, 680, 683, 704
Hylien 411
hylobius, Philydor 427
Hylocichla minima bicknelli 677
Hylocryptes rectirostris 360, 364, 427
Hylonax 368, 369, 372
Hylopeza 469
Hylophylax naevioides naevioides 365, 366
Hylorchilus 396
– sumichrasti sumichrasti 396, 397, 429
hyperborea, Uria 283
hyperboreus, Chen 213
hyperythrus, Cuculus 306, 687
Hyphantornis 674
Hypnelus ruficollis bicinctus 345, 358
Hypocnemoides melanopogon 469, 470
– – melanopogon 470
Hypocolius ampelinus 668
hypogrammica, Pytilia 450
hypoleuca, Ficedula 408, 421, 424, 669, 679, 685
–, Pterodroma 197, 198
–, Zenaidura 288
hypoleucos, Phalacrocorax 204
–, Tringa 673
hypoleucus, Artamus 665
–, Brachyramphus 281, 689, 693
–, Turdoides 410
hypomelaena, Jacana 258
Hypomorphnus 668
hypophonius, Alisterus 292
hypopolius, Melanerpes 351
hypopyrrha, Streptopelia 289
hypospodius, Buteo 227, 666
–, Dendrortyx 704
Hypothymis 421
hypoxantha, Gerygone 430
hypoxanthus, Ploceus 682
Hypselosaurus 617, 618
Hypsipetes crassirostris 390, 392, 429
– madagascariensis parvirostris 390, 392

Ianthocincla 142
Ibidorhyncha 629, 693
Ibis cinereus 211
ibis, Bubulcus 208, 464
Ibisse 213, 651, 664, 684, 699, 713, 714, 715, 716
ichthyaetus, Ichthyophaga 715
–, Larus 270, 665
Ichthyophaga 220, 231
– humilis humilis 231
– ichthyaetus 715
– nana nana 231
Icteria 640, 664, 710
Icteridae 444, 651, 667, 680, 681, 682, 696
Icteriden 677, 684, 685, 686
icterina, Hippolais 671, 683, 693
icteropygialis, Eremomela 414
Icterus 663, 665, 710
– baltimore 684, 693
– cucullatus cucullatus 689
– – sennetti 689
– dominicensis 445
– icterus 445
– maculialatus 457
– nigrogularis 369
– pustulatus formosus 446
icterus, Icterus 445
Icthyophaga (besser Ichthyophaga) 220, 231
Ictinaetus 220, 221
– malayensis 665
– – malayensis 231
Ictinia misisippiensis 220
idae, Ardeola 208, 353
Idioptilon 370, 373, 428
– rufigulare 431
– zosterops 428
Ieracidea 233, 234
igata, Gerygone 304, 415, 420
Iguana 617
ijimae, Riparia 383
iliacus, Turdus 408
imerinus, Pseudocossyphus 429
imitatrix, Procelsterna 272, 280
immaculata, Cercomacra 366
immaculatus, Celeus 358
immer, Gavia 192, 671
immutabilis, Diomedea 194
impediens, Monarcha 665, 683
impennis, Pinguinus 281
imperator, Grallaria 365
imperatrix, Heliodoxa 357
imperialis, Amazona 298, 355
–, Ardea 207

importunus, Andropadus 304, 305
Incana 411
incana, Estrilda 450
incei, Terpsiphone 423, 425
incerta, Pterodroma 196
inda, Chloroceryle 341
indica, Chalcophaps 285
–, Chlidonias 687
–, Eulabeia 214, 465, 658
–, Saxicola 695
–, Sypheotides 609
Indicator exilis exilis 347
– – meliphilus 347
– maculatus stictithorax 347, 358
– meliphilus 347
– minor 346, 347
– – minor 347
– – riggenbachi 347
– willcocksi 358
Indicatoridae 347, 599, 679
indicus, Anser 214, 465
–, Caprimulgus 687, 691
–, Colius 339
–, Gyps 231, 232
–, Lobivanellus 260
–, Oriolus 693
–, Passer 451
–, Pterocles 667, 676, 684, 692, 704
–, Rallus 687
–, Tarsiger 672
indigenus, Troglodytes 397
indulata (recte undulata), Phylidonyris 434
inexpectata, Collocalia 330
–, Pterodroma 198
–, Sturnella 705
inexpectatus, Copsychus 401, 404
infaustus, Perisoreus 647
infinitum, Todirostrum 370
infuscatus, Phimosus 212, 213
–, Podiceps 193
–, Turdus 400, 408
ingens, Dinornis 183
innominata, Collocalia 331
inopinata, Alauda 675
inornata, Amazona 298
–, Catamenia 436, 439, 457
–, Conopias 369, 372
–, Pinaroloxia 436, 439, 457
–, Prinia 304, 688
–, Uria 283
inornatus, Celeus 350
–, Myiophobus 373, 470
–, Myiozetetes 427
–, Phylloscopus 304, 412
inquieta, Collocalia 330, 331
–, Scotocerca 414, 418
inquietus, Myiarchus 372
insectivora, Coeligena 337
Insekten 669
insignis, Ardea 207
–, Clytomyias 431
–, Parus 432
–, Prodotiscus 347
insolitus, Ptilinopus 285
insulana, Piaya 303
insularis, Centropus 319
–, Chrysococcyx 311, 316
–, Columbigallina 289
–, Corvus 703
interior, Branta 215
intermedia, Egretta 209
–, Eudromia 463
–, Mesophoyx 208, 209
–, Porzana 681
–, Rynchops 280
–, Uria 282
intermedius, Accipiter 227
–, Buteo 228
–, Larus 273, 274
–, Phyllastrephus 389, 391
–, Ploceus 311
–, Saltator 436, 440
interpres, Arenaria 262, 263, 265, 610, 647
interstinctus, Falco 235
involucris, Ardetta 680
–, Ixobrychus 209, 210, 605
Iodopleura 375
– fusca 376
iohannis, Hemitriccus 428
iolaema, Cossypha 306, 401, 404
iolaima, Ptochoptera 357
ipecutiri, Anas 216
iredalei, Eudyptula 191
–, Fregata 205, 206
ireneae, Otus 356
Irenidae 392, 471
iris, Coeligena 337
–, Psitteuteles 293, 355
irrorata, Diomedea 193
irupero, Xolmis 368
irwini, Camaroptera 414, 419
isidori, Oroaetus 230, 353
islandica, Bucephaga 646, 647
islandicus, Cepphus 283
isthmicus, Saltator 440
Italienerhuhn 700
Ithaginis cruentus 674
ituriensis, Batis 430
Ixobrychus 646, 677
– eurhythmus 210
– involucris 209, 210, 605
– minutus 210, 211, 604, 605, 647
– – payesii 210, 605
– sinensis moorei 210
– – sinensis 210
Ixonotus guttatus guttatus 389, 391

Jabiru mycteria 211
Jacana 185, 605, 640, 663, 665, 667, 668, 683, 704, 714
– jacana 258
– spinosa hypomelaena 258
– – jacana 258
jacana, Jacana 258
Jacanidae 354, 681
jacarini, Volatinia 438, 692
jacksoni, Cryptospiza 457
–, Tockus 345
jacobinus, Clamator 303, 304, 305, 306, 314, 468, 687, 694
Jagdfasan 243, 699, 702
Jakobinerkuckuck 305
jamaicensis, Buteo 220, 228
–, Laterallus 255, 467
–, Oxyura 213, 217, 218
jamesoni, Chubbia 693
jandaya, Aratinga 295, 355
Janthocincla 677
Japanwachtel 243
japonica, Capella 265
–, Coturnix 243
japonicus, Buteo 228
jardinei, Turdoides 305, 309, 411
Jassiden-Zikade 219
javanense, Dinopium 350
javanica, Chlidonias 687
javanicus, Accipiter 225
–, Butorides 208
–, Charadrius 261
–, Eurylaimus 359
–, Leptoptilos 211
–, Phalacrocorax 205
–, Poliocephalus 192
–, Zanclostomus 318
javensis, Batrachostomus 324
–, Dryocopus 350
–, Falco 239
jefferyi, Pithecophaga 230, 353
jelskii, Thalurania 335
–, Upucerthia 362
jobiensis, Talegalla 240
jocosus, Campylorhynchus 396, 397, 429, 445
–, Pycnonotus 389, 390
johnstoni, Polipicus 358
–, Ruwenzorornis 302
johnstoniae, Psitteuteles 293, 355
jonesi, Gyps 232
jotaka, Caprimulgus 687, 691
jouyi, Ardea 207
jucunda, Pipreola 376, 377
jugger, Falco 234
jugularis, Brotogeris 296
–, Eulampis 334
–, Francolinus 247
–, Nectarinia 304
jugurtha, Falco 684
juliae, Damophila 335, 357
juncidis, Cisticola 212, 473, 679, 691
Junco phaeonotus palliatus 686
juneae, Psittacula 300
juninensis, Podiceps 464
Jynx 654, 692, 705
– torquilla 689
– – torquilla 348

kaempferi, Hemitriccus 428
Kaiman 638, 640
kaiurka, Cepphus 283
Kakadus 291, 607
Kakatoe alba 609
kalahari, Tchagra 392, 393
Kalifornien-Kondor 218
kamtschatkensis, Dendrocopos 351
–, Buteo 228
kamtschatschensis, Larus 272
Kanarienvogel 639, 655, 701, 702
kaoko, Acrocephalus 413, 417
Kapbülbül 305
Kaptölpel 201
karamojae, Apalis 431
Karmingimpel 448, 449
Kasuar 600, 607, 618, 622, 628, 630, 635, 636, 641, 648, 649, 653, 676
katanga, Cisticola 414, 418
Kaupifalco monogrammicus 672
kawarahiba, Chloris 688
keiensis, Micropsitta 355
kempi, Macrosphenus 430
Ketupa 669
– blakistoni doerriesi 323, 356
Khaki-Campbell-Enten 597
kibalensis, Zoothera 430
Kiebitz 621, 659, 667, 673, 674, 675, 691
kilimensis, Cryptospiza 450, 688
–, Nectarinia 434, 688
kingi, Aglaiocercus 338, 357
–, Oenanthe 406
kioloides, Mentocrex 251, 252, 253, 255
kirki, Prionops 393
kirtlandii, Dendroica 445, 446
kivuensis, Ruwenzorornis 302
–, Terpsiphone 423, 425
Kiwi 185, 617, 639, 648, 651
klaas, Chrysococcyx 310
Klais guimeti guimeti 334, 357
Kleinschiffente 466
kleinschmidti, Lamprolia 415, 420
Kleinschnäpper 421
Knipolegus 427
kobylini, Lanius 394
Koel 313
Königsfasan 702

koepckeae, Phaethornis 356
Kohlmeise 604
Kolibris 10, 599, 604, 607, 608, 640, 642, 658, 676, 677, 704
Kondor 218
Kongopfau 244
korejewi, Rallus 687
Kormoran 639
korthalsi, Sphenurus 285
koslowi, Prunella 400
Krähen 456, 642, 664, 704
Krähenscharben 204
krameri, Psittacula 300
Krammetsvogel 642
Kraniche 250, 604, 607, 651, 664, 704, 713, 714, 715
Krebse 271, 652
Krokodile 617, 621, 626
Krokodilwächter 268
krüperi, Sitta 646, 647
Kuckuck, Kuckucke 302 bis 314, 316, 317, 452, 454, 603, 621, 633, 635, 642, 650, 651, 664, 669, 675, 676, 684, 689, 691, 693, 695, 703
Kuckucksente 213, 217
Küstenseeschwalbe 271
Kuhreiher 464
Kuhstärling 444, 445
kulszynskii, Thamnophilus 469

Labradorente 213
labradorius, Camptorhynchus 213
lacertosus, Saltator 440
lachayensis, Asthenes 364
Lachfalke 233
Lachmöwe 270, 597, 659, 673, 674
lachrymosus, Xiphorhynchus 361, 426
lactea, Glareola 675
lactifrons, Colius 339
laeta, Cercomacra 365, 366
Lafresnaya lafresnayi 337
lafresnayi, Lafresnaya 337
Lagonosticta rufopicta latericia 450
Lagopus 633, 638, 646, 658, 659, 667, 684, 702
– lagopus brevirostris 242
– – lagopus 241, 242
– – maior 242
– – scoticus 242
– leucurus 686
lagopus, Buteo 228, 666
–, Lagopus 241, 242
Lalage 681
– leucomela 604
– maculosa maculosa 388, 389
– – pumila 388
– – soror 388
– – tongaensis 388
– – woodi 388
– phoenicea 696
– – flava 693
Lampornis amethystinus margaritae 336, 357
– – salvini 336
– clementiae clementiae 336
– viridipallens amadoni 336
Lampraster branickii 357
Lampribis 704
Lamprolaima rhami rhami 337, 357
Lamprolia 411, 412, 421
– victoriae kleinschmidti 415, 420
– – victoriae 415, 420
Lamprotornis 710
– chalybaeus 453
lanceolata, Chiroxiphia 375
lanceolatus, Cacomantis 303, 312, 316
Landhuhn 617
Landschildkröten 698
Langshanhähne 700
Laniarius 681
– atrococcineus 306
– barbatus 429
– ferrugineus 309
– lühderi 393
– – lühderi 393
– mufumbiri 429
Laniidae 392, 393, 651, 680, 681, 682, 685
Lanius 665, 689
– badius 673
– bentet bentet 666
– collaris 305
– – humeralis 659
– – pyrrhostictus 395
– – smithii 395
– collurio 459, 612, 659, 660, 666, 673, 674, 689, 692, 694, 701
– – cullurio 304, 307, 394
– – kobylini 394
– – loudoni 394
– – phoenicuroides 394
– – speculigerus 394
– cristatus 667, 671, 673
– – confusus 304, 394
– – dorsalis 394
– excubitor 309, 694
– – excubitor 307
– – pallidirostris 394
– ludovicianus mexicanus 394
– mackinnoni 393, 394
– minor 309, 673, 694
– – turanicus 394
– schach bentet 304
– senator 673, 701
– souzae souzae 393
– vittatus nargianus 394
Lappentaucher 640
lapponica, Calcarius 686
–, Strix 321

Laridae 603, 604, 638, 652, 694
Lariden 270, 672
Laro-Limicolae 605, 660, 680, 681
Larus 271, 273, 274, 275, 603, 641, 661, 665, 667, 671, 709, 715
- argentatus 253, 270, 273, 274, 609, 629, 646, 672, 673, 674, 676, 683
- - argentatus 272, 273, 275
- - argenteus 272, 273
- - michahelles 273
- - mongolicus 273
- - omissus 272
- atricilla 274, 275, 461
- audouinii 272
- brunnicephalus 270, 275, 684
- cachinnans omissus 272
- californicus 274
canus 10, 609
- - canus 273
- - heinei 272
- - kamtschatkensis 272
- crassirostris 275
- delawarensis 273
- dominicanus 274
- - vetula 274
- fuscus 273
- - fuscus 273
- - graellsi 274
- - intermedius 273, 274
- genei 270, 684, 693
- ichthyaetus 270, 665
- marinus 274, 673, 674
- - dominicanus 274
- - occidentalis 274
- - vetula 274
- melanocephalus 270
- novaehollandiae hartlaubi 275
- - scopulinus 274
- occidentalis 274
- pipixcan 275
- relictus 270, 274
- ridibundus 270, 274, 275, 597, 652, 659, 672, 673, 674, 675, 695
- saundersi 354
larvaticola, Vidua 458
Laterallus 252, 654
- albigularis 705
- - albigularis 255
- - cinereiceps 255
- - typhoeca 255
- exilis exilis 255
- jamaicensis 255
- - salinasi 255
- - xenopterus 467
- melanophaius 692
- ruber 252, 255, 467 zu S. 347
- spilonotus 354
- spilopterus 354
- xenopterus 354
latericia, Lagonosticta 450
lathami, Alectoris 637
-, Calyptorhynchus 603
-, Francolinus 603, 674, 696, 697
laticlavius, Heliangelus 337
latirostris, Calyptorhynchus 294
-, Cynanthus 335
-, Muscicapa 691
-, Sayornis 369
latouchei, Pycnonotus 389, 391
laubmanni, Alectoris 687
-, Emberiza 688
laubmanniana, Halcyon 343
Laubsänger 411, 650
Laufhühnchen 664
laurae, Seicercus 430
Lausfliege 330
lawrencei, Carduelis 445
lawrencii, Cyphorina 398
-, Oreopeleia 290, 355
layardi, Accipiter 225
-, Chalcites 312, 316, 415, 420
-, Rhipidura 422
leari, Anodorhynchus 294, 355
lebruni, Sicalis 435, 436
leclancheri, Leucotreron 286, 354
lecontei, Myioceyx 342, 357
ledanti, Sitta 457
Legatus 369, 665, 677, 681
leggei, Prinia 414, 418
Leghorn 700
Leguan 617
leguati, Aphanapteryx 251
Leipoa 240, 669
- ocellata ocellata 240
Leistes militaris 444, 446
- - militaris 446
Lemminge 604
lemosi, Cypseloides 356
lentiginosus, Caprimulgus 329
leonae, Gampsonyx 224
leoninus, Scotornis 329
lepida, Excalfactoria 686, 687
-, Prinia 688
Lepidocolaptes angustirostris certhiolus 361
- souleyetii 705
- - littoralis 361
lepidus, Cuculus 303, 304, 309, 315
Leptasthenura 360
- aegithaloides pallida 362
- andicola 359
- - certhia 362
- fuliginiceps 427
- - paranensis 363
- pileata xenothorax 426
- platensis 363
Leptodon 221

- cayanensis cayanensis 224, 229
Leptopogon superciliaris hellmayri 374
Leptopterus viridis annae 395
Leptoptilos javanicus 211
Leptosoma 679
Leptotila cassini cassini 290
- conoveri 355
- ochraceiventris 355
- rufaxilla hellmayri 290
- - rufaxilla 290
- verreauxi tobagensis 290
Leptotriccus 428
lepturus, Phaethon 200
Lerchen 642, 664, 668, 673, 675, 676, 678, 684
Lerwa 633
Lesbia victoriae 337
leschenaulti, Merops 344
leschenaultii, Charadrius 260, 262
lessonii, Pterodroma 198
Leucippus 357
- fallax richmondi 335
leucocephala, Amazona 297
-, Arundinicola 444
-, Emberiza 646
-, Oxyura 213
leucocephalus, Cinclus 396
-, Colius 339
-, Haliaeetus 220, 231, 691
-, Lybius 346
-, Tachyeres 465
leucogaster, Alcedo 341, 357
-, Anhinga 206
-, Centropus 320, 356
-, Fregetta 199
-, Lybius 346
-, Pionites 296, 297, 355
-, Sula 200, 202
leucogastra, Uropsila 398, 429
leucogeranus, Grus 251
leucolaemus, Piculus 350, 358
leucolepis, Phyllastrephus 429
leucolophus, Garrulax 411, 677
-, Tauraco 301, 302, 356
-, Tigriornis 206, 210, 353
leucomela, Lalage 604
leucomelas, Parus 432
leuconota, Gymnorhina 673
-, Pyriglena 365, 366
leucopareia, Branta 214
-, Trugon 290
leucophaea, Collocalia 331, 356
-, Microeca 424
leucophaeus, Speirops 311
Leucophoyx thula brewsteri 209
- - thula 209
leucophris, Brachypteryx 676
leucophrys, Anas 216, 353
-, Anthus 386
-, Erythropygia 311, 400, 403
-, Henicorhina 398
-, Poliolimnas 256
leucophthalmus, Colius 338
leucopogon, Colinus 246
-, Phloeoceastes 348, 352
Leucopsar rothschildi 454
leucoptera, Pterodroma 197, 198
Leucopternis 223
- albicollis albicollis 221, 222, 229, 234
- plumbea 353
- schistacea 353
leucopterus, Serinus 457
leucopygia, Coracina 429
-, Halcyon 342, 358
leucopygius, Turdoides 306
leucorrhea, Oceanodroma 199
leucorrhous, Buteo 229
leucospodia, Elaenia 370
leucosticta, Henicorhina 398
leucotis, Melozone 436, 439, 457
-, Pyrrhura 296, 355
-, Thryothorus 396, 397, 471, 472
Leucotreron leclancheri leclancheri 286, 354
- subgularis apia 286, 354
leucurum, Cinclidium 220
leucurus, Elanus 402
-, Lagopus 686
-, Threnetes 333
levaillantii, Clamator 304, 306, 314
-, Francolinus 247
lhamarum, Alauda 380
lherminieri, Puffinus 196
liberiae, Glareola 269
libonyanus, Turdus 309
libycus, Psammornis 181
lichtensteini, Pterocles 285
lilianae, Agapornis 669
lilloi, Asthenes 426
-, Tripophaga 426
limae, Picumnus 358
Limicola 647, 674
- falcinellus 673
Limicolae 462, 604, 605, 647
Limicolen 259, 693
limnaetus, Spizaetus 230
Limnoctites 427
- rectirostris 363
Limnodromus griseus griseus 265
- - scolopaceus 262, 265
- semipalmatus 265
limnogaster (statt limnaetus), Spizaetus 230
Limnornis 360, 679, 685, 692
- rectirostris 363
Limosa 647
- fedea 610
- limosa 610
limosa, Limosa 610

lindsayi, Halcyon 343, 358
linearis, Chiroxiphia 375, 428
–, Oreopeleia 290
lineata, Conopophaga 693
–, Sarothrura 253, 255
lineatum, Tigrisoma 210
lineatus, Buteo 220, 228
–, Dryocopus 350, 351
–, Gennaeus 703
–, Milvus 222, 666
lineiventris, Anthus 471
lineola, Bolborhynchus 296, 355
–, Sporophila 438
Liothrix 681
Lipaugus 375
– unirufus 376
– vociferans 376, 377
Lissotis hartlaubii 258
– melanogaster notophila 258
litsitsirupa, Turdus 659
littoralis, Anthus 388
–, Lepidocolaptes 361
–, Pycnonotus 690
liturata, Strix 321, 324
livens, Geranospiza 232
livia, Columba 287
llaneae, Cichlornis 430
loanda, Cisticola 412
lobata, Biziura 213
lobates, Phalaropus 610
lobatus, Lobipes 267
Lobibyx miles 261
– – personatus 261
Lobipes lobatus 267
Lobipluvia 674
– malabarica 673, 674, 675, 691
Lobivanellus indicus aigneri 260
Locustella 411, 646, 667
– amneicola 430
– certhiola 657
– – rubescens 417
– – sparsimstriata 417
– naeviae 646, 647
– ochotensis pleskei 413, 417, 657
locustella, Ortygospiza 451
Löffler 607, 645, 699, 715
lönnbergi, Catharacta 270
lomvia, Uria 282, 610
Lonchura 654, 696, 701
– hunsteini minor 451, 457
– striata subsquamicollis 451
longicauda, Psittacula 300
longicaudus, Stercorarius 673
longipennis, Calandrella 677
–, Falco 234
longirostris, Arachnothera 312, 603, 665
–, Caprimulgus 676
–, Heliomaster 338, 357
–, Rallus 253
–, Rhizothera 247
longuemareus, Phaethornis 334
lonnbergi, Catharacta 269, 270
lopesi, Poliolais 412
Lophodytes 600, 603, 649
– cucullatus 218, 609, 671
lophorinus, Dicrurus 455
Lophornis gouldi 334
Lophortyx 242, 633
– californicus californicus 467
lophotes, Percnostola 427
–, Pseudoseisura 360
Lophotriccus 373, 426
– squamaecrista 680
Lophura nycthemera ripponi 248
lorata, Sterna 271, 279
loriae, Eupetes 682
Loriculus exilis 301, 356
– philippensis chrysonotus 301, 356
– – worcesteri 301
– pusillus 301
loringi, Melittophagus 344
–, Merops 344
Lorius 293, 355
– roratus pectoralis 603, 605
– – riedeli 299
– – westermani 299
– tibialis 355
lorti, Coracias 344
lory, Domicella 293, 355
loudoni, Lanius 394
louisiadensis, Cracticus 458
loweryi, Xenoglaux 356
Loxia curvirostris 673
Loxioides bailloni 443
loyemilleri, Puffinus 196
lucidus, Chalcites 303, 304, 310, 312, 316, 415, 420, 693, 694
–, Chrysocolaptes 352
–, Ortygonax 254
–, Penthoceryx 304
–, Phalacrocorax 204
lucionensis, Tanygnathus 299, 356
luctisonus, Otus 322
luctuosa, Sterna 279
ludovicianus, Conuropsis 295
–, Lanius 394
ludwigi, Dicrurus 667
luehderi, Nectarinia 433
lühderi (statt luehderi), Laniarius 393
lufira, Cisticola 413, 418
lugens, Prunella 400
–, Streptopelia 289, 355
lugubris, Cisticola 691
–, Contopus 428
–, Fulica 257
–, Phalacrocorax 204

–, Quiscalus 447
–, Surniculus 303, 304, 310, 313, 317, 696
Lullula 671
– arborea 673
Lummen 608, 609
lunata, Galerida 382
luridus, Ortygonax 254
–, Rallus 254
Lurocalis 676
– semitorquatus nattereri 325
– – semitorquatus 327
Luscinia 677
– akahige 672
– calliope 401
– cyane 306
– megarhynchos 401, 672, 680
– – africana 401, 404
– pectoralis ballioni 401, 404
– svecica 665, 693
– – altaica 403
– – volgae 404
Lusciniola 411
– melanopogon 646, 647
lutea, Sicalis 438
luteicapilla, Euphonia 441
luteiventris, Myiozetetes 427
–, Tyrannopsis 427
luteovirens, Chrysoena 609
lutescens, Anthus 386, 388
lutetiae, Coeligena 337
luzonica, Anas 215, 353
lwenarum, Serinus 448
lyalli, Traversia 368
lybius, Psammornis 181
Lybius 347
– bidentatus aequatorialis 346, 347, 358
– chaplini 346, 347, 358
– dubius 347, 358
– leucocephalus leucogaster 346
lygrus, Turdus 409
lymani, Falco 234, 239
Lymnocryptes 262, 263
– minimus 262
Lyrurus 702, 716
– tetrix 691, 699
– – viridanus 242

maccoa, Oxyura 218
macconnelli, Mionectes 370, 374
–, Synallaxis 427
maccormicki, Catharacta 269
Machaerhamphus 220
– alcinus alcinus 224
– – anderssoni 221, 224
Machaerirhynchus 421
Machaeropterus 426
Machetornis 664
– rixosus obscurodorsalis 371
mackinnoni, Lanius 393, 394
macloviana, Muscisaxicola 369
macquariensis, Pachyptila 464
macrocephala, Petroica 665
Macrocephalon 669
macroceras, Numida 249
macrocercus, Cacomantis 303
–, Dicrurus 673, 689
macrocerus, Eupetes 430
Macrodypteryx vexillarius 327
macrolopha, Percnostola 427
Macronectes 195, 635, 636
– giganteus 195
– halli 195
– spec. 198
Macronyx ameliae 696
– crocea 696
– fuelleborni ascensi 385, 386
Macropsalis 665
macroptera, Pterodroma 195, 198
macropus, Falco 234, 238
Macropygia 603
– phasianella septentrionalis 288
– unchall unchall 288
macrorhina, Melidora 342
macrorhyncha, Dendrocincla 426
–, Rhea 704
macrorhynchos, Corvus 673
–, Notharchus 358
macrorhynchus, Calyptorhynchus 294
macrosceles, Circus 224
Macrosphenus 412
– kempi 430
macrotis, Eurostopodus 668
–, Strix 324
–, Zenaidura 288
macrourus, Circus 220
–, Morococcyx 317
–, Urotriorchis 353
macrura, Dendrortyx 245
macrurus, Caprimulgus 326, 328, 664, 687, 688
–, Megalurus 680, 683, 684
macularia, Grallaria 469, 470
maculata, Chlamydera 455
–, Parareomyza 443
maculatus, Chalcites 304, 311, 312, 316
–, Indicator 347, 358
maculialatus, Icterus 457
maculicauda, Phaeochroa 334
maculipectus, Phacellodomus 364
–, Thryothorus 396, 397
maculirostris, Muscisaxicola 369
maculosa, Lalage 388, 389
–, Nothura 462
madagascariensis, Accipiter 222, 226
–, Aviceda 221, 224
–, Bernieria 680

–, Caprimulgus 327, 328, 329, 665
–, Hypsipetes 390, 392
–, Rallus 251, 252, 253, 254, 255
madeira, Pterodroma 197
Mäuse 604
Mäusebussard 228
magdalenae, Malacoptila 345
magellanicus, Scytalopus 367
–, Spheniscus 191
magna, Alectoris 609
–, Arachnothera 304, 680, 683, 695
–, Sturnella 693, 696, 705
magnificus, Calyptorhynchus 291
magnirostris, Burhinus 261, 705
–, Buteo 229
–, Galerida 380, 382
–, Gerygone 317, 420
–, Orthorhamphus 705
–, Urocissa 673
magnoides, Saltator 436, 440
mahali, Plocepasser 673
Maikäfer 604
maior, Lagopus 242
major, Crotophaga 303
–, Dendrocopos 351, 690
–, Nectarinia 434
–, Parus 604, 647
–, Passer 459, 605, 646, 647
–, Penelope 467
–, Phloeoceastes 348, 352
–, Taraba 469
–, Tinamus 185
makalaka, Erythropygia 400, 403
malabarica, Lobipluvia 673, 674, 675, 691
malaccensis, Anthreptes 665
malachitacea, Triclaria 298, 355
Malacocincla sepiaria sepiaria 304
Malaconotinae 421
Malaconotus 710
Malacoptila mystacalis 358
– panamensis magdalenae 345
malagae, Metallura 357
malaitae, Myiagra 422, 424
malayana, Eudynamys 317
malayanus, Chalcites 303, 312, 317
malayensis, Ictinaetus 231, 665
–, Spilornis 233
malherbii, Columba 287, 354
Malimbus rubriceps 311
Mallotus villosus-Fische 271
malouinus, Attigis 268, 354
Maluridae 412, 420
Malurinae 411, 412
Malurus 412
– albospeculatus moretoni 415, 419, 430
– cyaneus cyaneus 304
mammeatus, Ornitholithus 257
mammilatus, Ornitholithus 257
mammosus, Ornitholithus 257
manati, Caprimulgus 328
mandarinus, Turdus 683
mandellii, Arborophila 248
Mandschurische Hühner 245
mandtii, Cepphus 283
manillensis, Caprimulgus 326
mantelli, Apteryx 462
–, Notornis 253, 257
Manucodia 715
– gouldi 715
maranonica, Synallaxis 427
Mareca americana 213
Marganetta (recte Merganetta) 216
margarettae, Phaethornis 356
margaritae, Chersophilus 677
–, Lampornis 336
marginatum, Cinclosoma 410
marginella, Zenaidura 288
marina, Pelagodroma 199
marinus, Larus 274, 673, 674
marionensis, Chionis 269
maritima, Erolia 610
maritimus, Ammodramus 673
markhami, Oceanodroma 199
marmoratum, Tigrisoma 210
marmoratus, Brachyramphus 281, 282, 284
marshalli, Otus 356
martinica, Porphyrula 256
martius, Dryocopus 647
massaicus, Poicephalus 299
–, Struthio 706
massena, Trogon 339, 340
mattingleyi, Pachyptila 464
Mauersegler 330, 654
maugaeus, Chlorostilbon 335, 357
mauritanica, Pica 673
mauri, Calidris 263
–, Ereunetes 263, 266
maurus, Circus 232
Maus 305
mavors, Heliangelus 337
maxima, Branta 214
–, Melancorypha 381, 675
–, Sterna 461
maximiliani, Melanopareia 715
maximus, Aepyornis 184
–, Dinornis 183
–, Saltator 436, 440
–, Thalasseus 279, 665
mayeri, Columba 288
–, Nesoenas 288, 355
Mayrornis 421
mccallii, Erythrocercus 430
mccownii, Calcarius 686
mcleodii, Otophanes 325, 327
Mearnsia boehmi 332
mechowi, Melierax 227

media, Capella 610
–, Chloropsis 471
medianus, Threnetes 333
medius, Aepyornis 184
Megabyas 421
Megadyptes antipodes 190
Megalaima australis duvauceli 346
– haemacephala deliae 346
– mystacophanos mystacophanos 346, 358
– rafflesii billitonis 346, 358
Megaloprepia 603
– formosa 286, 354
megalopterus, Phalcoboenus 466
megalorhynchos, Tanygnathus 300, 356
Megalurulus 411
Megalurus 411, 629
– macrurus 680, 683, 684
– palustris toklao 413, 417
Megapodien 658, 669, 704
Megapodiidae 179, 660, 679, 680
Megapodius 600, 608, 634, 637, 640, 641, 658, 679, 684, 696, 713
– freycinet 240, 637
– reinwardt yorki 240
Megaquiscalus 663
megarhyncha, Colluricincla 423, 425
megarhynchos, Luscinia 401, 404, 672, 680
meiffreni, Ortyxeles 657
Meisen 599, 605, 647, 651, 658, 664, 684, 685, 715
melacoryphus, Coccyzus 303
Melaenornis 420, 421
– ardesiaca 421, 424
melanchima, Geococcyx 318
melancholicus, Tyrannus 691
Melanerpes cactorum 351
– caymanensis 358
– flavifrons flavifrons 351
– hypopolius hypopolius 351
– rubricapillus costaricensis 351
– – wagleri 351
– striatus 351, 358
– superciliaris caymanensis 358
Melanitta fusca fusca 217
– – stejnegeri 217
melanocephala, Emberiza 646, 647
–, Pionites 296, 355
–, Sporophila 438
–, Sylvia 646, 671, 673, 692
melanocephalus, Atlapetes 439
–, Larus 270
–, Myioborus 442, 457
–, Ploceus 667, 693
Melanocorypha calandra psammochroa 381
– maxima 675
– – holdereri 381
melanocoryphus, Cygnus 213
Melanodryas 421
melanogaster, Lissotis 258
melanogenis, Galbula 345
–, Phalacrocorax 205
melanoleuca, Oenanthe 406
–, Poospiza 715
melanoleucus, Circus 220
–, Spizastur 230
–, Tachyphonus 665
melanonota, Pipraeidea 440, 441, 457
melanonotus, Sakesphorus 365, 427
Melanopareia maximiliani argentina 715
melanophaius, Laterallus 693
Melanophoyx ardesiaca 208
melanophrys, Diomedea 194
melanopis, Theristicus 353
melanopogon, Hypocnemoides 469, 470
–, Lusciniola 646, 647
melanops, Anous 280
–, Elseyornis 663
–, Myadestes 405
–, Phleocryptes 360, 362
–, Phylidonyris 434
–, Porphyriops 693
–, Turdoides 411
Melanoptila glabrirostris 398, 399, 429
melanorhynchos, Tanygnathus 300, 356
melanorhynchus, Casmerodius 208
melanospila, Ptilinopus 286
Melanosuchus 640
Melanotis caeruleus 399
melanotis, Spilornis 233
melanotos, Erolia 264, 266
–, Pica 304, 305
melanotus, Porphyrio 257, 673
melanoxantha, Phainopepla 395, 429
melanura, Apalis 430
–, Cisticola 430
–, Myiagra 422
malanurus, Passer 304, 311, 451
–, Ramphocaenus 412, 416
–, Taraba 469
melba, Apus 332, 669
Meleagrididae 680, 681, 703
Meleagris 603, 633, 636, 661, 684, 702, 714
– gallopavo 249, 626, 699
meleagris, Numida 249, 699, 709, 710
Melichneutes robustus 358
Melidora 357
– macrorhina macrorhina 342
Melierax canorus canorus 227
– metabates mechowi 227
– musicus musicus 227
Melignomon zenkeri 358
Meliornis 312
Meliphaga 664
– albilineata 434, 435, 457
– hindwoodi 457
– penicillata penicillata 304
Meliphagidae 434, 651, 680, 682, 715

Meliphagiden 605, 664, 676, 683, 684, 715
meliphilus, Indicator 347
Melittophagus 344
– gularis australis 344
– muelleri mentalis 344, 358
– – muelleri 344
– variegatus loringi 344
– – variegatus 344
Mellisuga minima vieilloti 338
mellivora, Florisuga 334
Melocichla mentalis grandis 413, 417
melodus, Charadrius 675
melophilus, Erithacus 689
Melopsittacus 291
– undulatus 605
Melozone 439
– leucotis occipitalis 436, 439, 457
menachensis, Turdus 408
menbeki, Centropus 302
mendiculus, Spheniscus 191, 353
menetriesi, Buteo 228
meninting, Alcedo 341
menstruus, Pionus 297
mentalis, Certhidea 439
–, Dysithamnus 313
–, Melittophagus 344
–, Melocichla 413, 417
–, Picus 350
Mentocrex kioloides 251, 252, 253, 255
Menura 603, 604, 640, 647, 649, 654, 680, 684, 694
– novaehollandiae victoriae 378
– superba (recte n. novaehollandiae, auch darüber) 460
Menuridae 367, 378
menzbieri, Anthus 387
Merganetta 216, 218
– armata armata 213, 218
– – garleppi 213
merganser, Mergus 218, 647
Mergus 638, 691
– merganser 647
– – americanus 218
– – merganser 218
– serrator 218
– squamatus 218, 353
meridionalis, Caprimulgus 328
–, Gypaetus 232
Meropidae 658, 679, 703, 704
Merops 344, 358, 646, 649, 654, 684
– apiaster 669
– gularis australis 344
– leschenaulti quinticolor 344
– muelleri 344, 358
– variegatus loringi 344
– – variegatus 344
Merula 690
merula, Turdus 403, 408, 472 (Amsel bei III, S. 452) 660, 671, 673, 683, 688, 701
merulinus, Cacomantis 303, 310, 312, 316, 348, 433, 434, 691, 694
Mesembrinibis 679
– cayennensis 212
Mesitornis 250, 681, 713, 714
Mesitornithiformes 250
Mesoenas 681, 714
mesonatua, Phaethon 200
Mesophoyx intermedia 208
– – brachyrhyncha 209
– – intermedia 209
Mesopicos elliotii 358
mesotypus, Poicephalus 299
metabates, Melierax 227
Metallura malagae 357
– odomae 357
mexicana, Henicorhina 398
–, Piaya 318
–, Streptoprocne 331
–, Tangara 440
mexicanoides, Colaptes 349
mexicanum, Tigrisoma 353
mexicanus, Aechmolophus 372
–, Carpodacus 688, 702
–, Catharus 402, 407, 430
–, Falco 234, 237
–, Heterocnus 206, 210
–, Lanius 394
–, Momotus 343
–, Morococcyx 317
–, Nyctibius 325
–, Phaethornis 333
–, Quiscalus 447
–, Sclerurus 364, 427
–, Trogon 340
–, Xenotriccus 372
meyeri, Poicephalus 399
michahelles, Larus 273
micraster, Heliangelus 357
Micrastur 233
– buckleyi 353
– gilvicollis 236
– mirandollei 353
– plumbeus 353
– ruficollis gilvicollis 235
– semitorquatus 233, 235, 353
– – naso 236
microbalia, Falco 239
Microbates cinereiventris 412, 416, 430
– collaris 412, 416, 430
Microcochlearius 428
Microeca 421
– brunneicauda 422, 604
– flavigaster 604
– – tormenti 422
– leucophaea assimilis 424
Microhierax 676

– caerulescens caerulescens 236
– fringillarius 236
Micromacronus 430
micromegas, Nesoctites 349, 358
Micropalama himantopus 267
Micropsitta finschii nanina 293, 355
– keiensis 355
– pusio pusilla 293
Micropternus brachyurus brachyurus 350
micropterus, Cuculus 303, 304, 306, 307, 309, 315, 394
Micropygia schomburgki 252, 255
– – chapmani 255
microrhyncha, Nectarinia 682
microrhynchus, Bradornis 421, 424
Microscelis 392
microstictus, Accipiter 225
midas, Rhinoptynx 468
migrans, Milvus 222, 225, 605, 646, 647, 665, 666
migratorius, Turdus 366, 400, 404, 409, 462, 684
Milane 220
miles, Lobibyx 261
miliaris, Pezites 444, 446, 696
–, Sturnella 444
millardi, Arborophila 248
milnei, Garrulax 660
Milvago 605
– chimachima cordatus 234, 236, 238
– chimango fuegiensis 236
Milvinae 220
milvipes, Falco 234
Milvus 222, 634, 669, 686, 704
– lineatus 666
– migrans 605, 646, 647, 665, 666
– – lineatus 222
– – migrans 222, 225
– milvus 646, 666
– – fasciicauda 225
milvus, Milvus 225, 646, 666
Mimidae 398, 672, 679, 681, 685, 692, 703
Mimide 399
mimikae, Gerygone 317, 420
Mimus 674, 681
– patagonicus 398, 399
– saturninus 445
– – modulator 445
mineaceus, Picus 350
minima, Batis 430
–, Branta 214
–, Columba 287
–, Hylocichla 677
–, Mellisuga 338
minimus, Caprimulgus 325, 328
–, Catharus 677
–, Lymnocryptes 262
–, Molothrus 445, 447
–, Otus 356
–, Poliolimnas 256
–, Porzana 356
–, Spilornis 353
minlosi, Xenerpestes 431
minor, Chionis 269
–, Chloris 688
–, Chordeiles 325, 327, 686, 687
–, Coccyzus 303, 318
–, Dendrocopos 351, 705
–, Emberiza 435, 437
–, Eudyptula 187, 191, 464
–, Fregata 205, 206
–, Hemitriccus (statt Snethlagea) 428
–, Indicator 346, 347
–, Lanius 309, 394, 673, 694
–, Lonchura 451
–, Nothura 185
–, Philohela 668, 705
–, Rhopodytes 318
–, Snethlagea 428
Minorkahühner 700
minullus, Accipiter 222, 226, 227
minussensis, Sterna 276
minuta, Batis 430
–, Calidris 263
–, Columbigallina 289
–, Columbina 289
–, Erolia 263
–, Gobipteryx 179
–, Piaya 303, 705
–, Sporophila 438, 439
minutilla, Calidris 266
–, Erolia 266
minutillus, Chalcites 303, 317
minutus, Anous 280, 693
–, Ixobrychus 210, 211, 604, 605, 647
–, Numenius 262, 264
Mionectes 370, 373, 374
– macconnelli roraimae 370, 374
mira, Scolopax 262, 265
mirabilis, Catharus 402, 407
–, Eriocnemis 357
–, Muscicapa 424
Mirafra africana 378
– – grisescens 378, 380
– – transvaalensis 380
– africanoides vincenti 380
– albicauda 429
– ashi 429
– cheniana 380
– nigricans erythropygia 379, 381
– – nigricans 379
– pulpa 429
– sabota 379
– – naevia 379, 380
– sidamoenis (statt degodiensis) 429
– somalica 378, 380, 429
mirandollei, Micrastur 353
Miro 421

- australis 420
- - australis 422, 424
misisippiensis, Ictinia 220
Misocalius palliolatus 680
misoriensis, Chalcites 317
-, Chrysococcyx 317
mitchelli, Phegornis 260, 262, 354
mitrata, Aratinga 295, 355
Mitrospingus cassinii costaricensis 440, 441
mixta, Ducula 286
Mniotiltidae 715
Moa 182, 183, 185, 706, 707
mocino (jetzt meistens fälschlich mocinno), Pharomachrus 339, 340
modesta, Asthenes 363, 364
-, Progne 383
modestus, Amytornis 415
-, Crypturellus 185
-, Ramsayornis 304
-, Sublegatus 374
-, Thryothorus 397, 445
-, Zonibyx 673, 675
modularis, Prunella 308, 309, 399
modulator, Mimus 445
Mönchsgeier 698
Mönchsgrasmücke 674
Mönchskranich 250
Mönchssittich 216, 229
Möwen 599, 604, 607, 629, 637, 640, 642, 646, 649, 651, 660, 664, 670, 672, 684, 704, 713, 715
moffitti, Branta 214
Moho bishopi 457
molinae, Pyrrhura 296
molleri, Prinia 311
mollis, Pterodroma 195, 197, 198
mollissima, Somateria 212, 463, 689
Mollusken 626
Molothrus 444, 445, 674, 677, 681, 703, 710
- aeneus 436, 445, 686
- - aeneus 445
- - assimilis 416, 441
- ater 446
- - artemisiae 445, 446
- - ater 445, 446
- - obscurus 416, 445
- badius badius 444, 447
- bonariensis 438, 444, 447, 673, 689
- - bonariensis 360, 371, 444, 445, 447, 689
- - minimus 445, 447
- - occidentalis 444, 447, 689
- - venezuelensis 444, 446, 447, 689
- rufoaxillaris 444, 447
Molpastes 667
moluccana, Amaurornis 256
moluccanus, Trichoglossus 291, 605
moluccensis, Falco 239
Molurus (recte Malurus) 415
molybdophanes, Struthio 603, 647, 670, 706
momota, Momotus 344
Momotidae 679, 703
Momotus mexicanus mexicanus 343
- momota pilcomayensis 344
monacha, Grus 250
-, Myiopsitta 229, 468
Monachella 421
monachus, Aegypius 223, 646
-, Centropus 320
Monarcha 421, 603
- cinerascens impediens 665, 683
- erythrosticta 430
- hebetior eichhorni 665
Monarchen 421
Monarchidae 412, 421
Monarchinae 412, 416
mondetoura, Claravis 289, 355
monedula, Coloeus 647
-, Corvus 456
mongolicus, Larus 273
-, Phasianus 243
mongolus, Charadrius 260, 261, 262
Monias 250
- benschi 249, 284
monicae, Ardea 207
moniliger, Batrachostomus 603
monogrammicus, Kaupifalco 672
monorthonyx, Anurophasis 242, 246
montana, Agriornis 368, 370
-, Brachypteryx 676
-, Eupoda 673
-, Oreopeleia 290
montanus, Cercococcyx 310, 315
-, Parus 432
-, Passer 452, 673
-, Prionoturus 299
monteiri, Clytospiza 450
Monticola 652, 660, 671, 683, 685, 692, 694, 695, 696
- cinclorhynchus 699
- - gularis 400, 406
- cyanus 699
- erythrogaster 682, 693, 699
- rufiventris 699
- saxatilis 669
- solitarius 669, 699
monticola, Oenanthe 311
-, Pycnonotus 389, 390
Montifringilla 684, 692
- davidiana potanini 452
- nivalis 699
- - alticola 452
- ruficollis ruficollis 452
moorei, Ixobrychus 210
moquini, Haematopus 259
moretoni, Malurus 415, 419
morinellus, Arenaria 263
morio, Onychognathus 304

Morococcyx 313
– erythropygus erythropygus 318, 356
– – macrourus 317
– – mexicanus 317
Morphnus 220, 222
mortierii, Tribonyx 660
Morus bassanus 200, 201
– capensis 200, 201
– serrator 200
– – rex 201
moschata, Cairina 671
moseleyi, Eudyptes 188, 189, 190
Motacilla 308, 664
– alba 10, 308, 452, 459, 646, 647, 663, 671, 673, 682
– – dukhunensis 385
– capensis 311
– cinerea 646, 647, 673
– citreola calcarata 386
– – quassatrix 386
– – werae 386
– flava 10, 646, 647, 665, 673, 690
– – cinereocapilla 386
– – feldeggi 471
– – flava 471
– – taivana 385
– – thunbergi 471
Motacillidae 385, 471, 651, 680, 681, 685, 696, 715
moussieri, Diplootocus 679
Mückenfänger 411
muelleri, Melittophagus 344, 358
–, Merops 344, 358
–, Ortygospiza 451
muellerii (recte mullerii), Ducula 354
münzneri, Cisticola 688
mufumbiri, Laniarius 429
mulleri, Tanygnathus 299
mullerii (statt muellerii), Ducula 286, 354
Mullerornis 184
munda, Serpophaga 373, 428
murina, Phaeomyias 370, 373
Muscicapa 420, 424, 646, 660, 681
– adusta obscura 424
– – poensis 422, 424
– comitata camerunensis 422, 424
– – comitata 422, 424
– latirostris 691
– mirabilis 424
– parva 673
– striata 673
Muscicapella 420
Muscicapidae 306, 411, 416, 420, 421, 651, 679, 680, 681, 682
Muscicapiden 411, 604, 683, 685
Muscicapula 420
Muscipipra 368
Muscisaxicola 664
– alpina 368, 371
– capistrata 371
– cinerea 368, 371
– – argentina 368, 371
– – cinerea 371
– macloviana macloviana 369
– maculirostris 369
– rufivertex pallidiceps 371
Muscivora 369, 371
– forficata 369, 371
– tyrannus tyrannus 369, 371
musculus, Anthoscopus 432
–, Troglodytes 674, 693
musicus, Cygnus 594
–, Melierax 227
–, Penthoceryx 303, 317
Musophaga violacea rossae 301, 302
– – violacea 301, 302
Musophagidae 679, 680
Musophagiden 301
mutata, Terpsiphone 425
muticus, Pavo 249
Myadestes obscurus obscurus 405
– – occidentalis 405
– ralloides melanops 405
– unicolor unicolor 405
Mycteria 658
– americana 211
mycteria, Jabiru 211
Myiagra 421
– caledonica caledonica 422, 424
– – melanura 422
– ferrocyanea malaitae 422, 424, 430
Myiarchus 368, 369, 370, 372, 427, 663, 664, 665, 666, 710
– nuttingi 368, 427
– flavidior 372
– – inquietus 372
– – nuttingi 372
– semirufus 368, 372, 427, 470
– tuberculifer olivascens 372
– – querulus 372
– venezuelensis 427
Myiobius 682
Myioborus brunniceps brunniceps 442, 457
– flaviventer 442
– melanocephalus bolivianus 442, 457
Myioceyx lecontei 342, 357
Myiodynastes 664
Myiopagis 370, 374
Myioparus 421
Myiophobus cryptoxanthus 428
– inornatus 373, 470
Myiophoneus 402, 664
– robinsoni 429
Myiopsitta 216
– monacha 229, 468
Myiornis 370, 373
– albiventris 428

- auricularis 313
Myiotheretes rufipennis 427
Myiozetetes 369
- inornatus 427
- luteiventris 427
Myopornis 420
myotherinus, Myrmoborus 427
Myrmecocichla formicivora 676
Myrmoborus myotherinus 427
Myrmotherula gutturalis 365, 366, 427
Myrtis fanny 338
mystacalis, Malacoptila 358
mystaceus, Platyrinchus 369
mystacophanos, Megalaima 346, 358
Myzantha 302
Myzomela 715
- sanguinolenta caledonica 434

nabouroup, Onychognathus 304
Nachtigall 654, 660
Nachtschwalben 325, 327, 604, 607, 642, 650, 691
nacunda, Podogar 693
nacurutu, Bubo 468
naevia, Locustella 646, 647
-, Mirafra 379, 380
-, Tapera 303, 313, 317, 468
-, Zoothera 681
naevioides, Hylophylax 365, 366
naevius, Otus 321
namaquus, Thripias 352
nana, Aratinga 295, 355
-, Ichthyophaga 231
Nandu 607, 690
nanina, Micropsitta 293
nanus, Accipiter 222, 227, 353
-, Spizaetus 223, 230, 353
narcondami, Aceros 345
-, Rhyticeros 345, 358
nargianus, Lanius 394
narina, Apaloderma 680
naroskyi, Phrygilus 435, 437
Nashornvögel 640, 669
naso, Micrastur 236
natalensis, Caprimulgus 326, 329
-, Cisticola 414, 418
-, Sphenoeacus 413, 417
nativitatis, Puffinus 196, 198
nattereri, Luricalis 325
naumanni, Falco 235
ndussumensis, Criniger 390, 392
Nebenbussarde 220
nebouxii, Sula 200, 201
nebularia, Tringa 262, 673
nebulosa, Strix 321
Necrosyrtes 683, 684
Nectarinia asiatica 310
- aspasia 420
- chloropygia chloropygia 433
- - luehderi 433
- - orphogaster 433
- famosa famosa 434
- - major 434
- fusca 310, 433
- jugularis flavigaster 304
- kilimensis arturi 434, 688
- - gadowi 688
- microrhyncha 682
- newtoni 311
- olivacea 311
- pulchella 682
- rufipennis 457
- senegalensis 688
- venusta 682
- verticalis 682, 693
- zeylonica 310
Nectariniden 677
Nectariniidae 433, 651, 667, 680, 682
neglecta, Apalis 414, 418
-, Pterodroma 196, 198
nelsoni, Eupherusa 333, 336
-, Polioptila 416
Neomixis tenella 409
- - tenella 410
Neomorphus geoffroyi 356
- - dulcis 318
- - geoffroyi 313, 318
- - salvini 318
Neophema bourkii 212
- elegans carteri 301
Neophron 220, 223, 603, 634, 647, 648, 666, 680, 683, 684, 709
- percnopterus ginginianus 709, 710
Neornis 603, 704
Neositta 715
neoxenus, Euptilotis 340, 357
Neoxolmis rubetra 427
- rufiventris 370
Nesillas 681, 684, 716
- aldabranus 417
nesiotis, Grus 609
Nesocharis capistrata 450
Nesoclopeus poecilopterus 254
- - tertius 254
- woodfordi 254, 354
Nesoctites micromegas 349, 358
Nesoenas mayeri 288, 355
Nesofregetta albogularis 199
Nesomimus bifasciatus bauri 399
Nesopelia galapagoensis galapagoensis 288, 355
Nesotriccus ridgwayi 470
Nestflüchter 592
Nesthocker 592
Nestor 648
Netta erythrophthalma 217
- - brunnea 217

– rufina 213
Nettapus 216
neumayer, Sitta 646
neutralis, Agelaius 696
Neuweltgeier 607
nevadensis, Amphispiza 688
newtoni, Fulica 251
–, Genyornis 182
Newtonia 411, 420, 421
newtonii, Nectarinia 311
niassae, Apus 332
Nicator chloris 390, 392
– gularis 390
nicholsoni, Anthus 387
nicolae, Puffinus 196
niethammeri, Nothoprocta 187
niger, Chlidonias 459
–, Phalacrocorax 205
–, Quiscalus 445
–, Threnetes 356
nigerrimus, Ploceus 453
nigra (recte niger), Chlidonias 693
–, Ciconia 211, 646, 647
–, Coracopsis 299, 692
–, Crax 600, 601
–, Geranospiza 232
–, Penelopina 241, 354
–, Rynchops 280
nigrescens, Caprimulgus 325
–, Pitohui 423, 426
–, Turdus 400, 408
nigricans, Centropus 302
–, Mirafra 379, 381
–, Sayornis 369
nigricapillus, Thryothorus 396, 397
nigriceps, Ardeotis 603
–, Diomedea 193, 199
–, Eremopterix 379, 381
–, Ploceus 311, 453
–, Todirostrum 370, 373
nigricollis, Colymbus 192
–, Podiceps 192, 193
–, Sporophila 436
nigrifrons, Eremophila 382
nigrigenis, Agapornis 609
nigrimentum, Ploceus 452
nigripes, Egretta 208
nigrirostris, Columba 287, 354
–, Dendrocolaptes 360
–, Phaethornis 356
nigritemporalis, Nilaus 392
nigriventris, Eupherusa 357
nigrobrunnea, Tyto 356
nigrocinereus, Thamnophilus 469
nigrodorsalis, Donacobius 399
nigrogularis, Icterus 369
–, Trichoglossus 292
nigrorufa, Hirundo 383, 384, 429
nigrorufus, Centropus 319, 356
nigroviridis, Sericornis 430
Nilaus afer nigritemporalis 392
Nilgans-Hausgans vom Nil 616, 629, 635
Nilkrokodil 639
nilotica, Gelochelidon 276
Niltava 420, 421
Ninox connivens connivens 321
– rufa 321, 324, 356
– – rufa 324
– scutulata borneensis 324
– strenua 321, 324
– superciliaris 324
nipalensis, Aquila 231
–, Brachypteryx 304
–, Spizaetus 230
nisicolor, Cuculus 303, 306, 687
nisoides, Accipiter 227
nisoria, Sylvia 418, 646, 668, 671, 688
nisus, Accipiter 10, 226, 646, 662, 666
nitens, Phainopepla 395
nitida, Asturina 220, 229
nitidus, Buteo 220
nivalis, Montifringilla 452, 699
–, Plectrophenax 673, 691
nivea, Pagodroma 198
nivosa, Campethera 350
nivosus, Charadrius 675
nobilis, Ara 295, 355
noctivagus, Crypturellus 672, 679, 687
noctua, Athene 324, 647
nogouchii, Sapheopipo 348, 352
Nomonyx 600, 640, 705, 714
– dominicus 217
Nonnula amaurocephalus 358
Nonpasseres 353, 453, 459, 460, 461, 651
nordmanni, Glareola 267
normantoni, Cacatua 294
notata, Bleda 390, 391
–, Coturnicops 252, 263, 354
Notharchus macrorhynchos 358
– pectoralis 345, 358
Nothocercus 185, 621, 657
Nothocrax 692
Nothoprocta 185, 603, 648, 653, 654, 680, 694
– curvirostris 186, 653
– – peruviana 186
– ornata ornata 185, 186
– pentlandii ambigua 186
– – niethammeri 187
– – oustaleti 186
– perdicaria sanborni 187
Nothura 185, 599, 600, 603, 640, 648, 654, 680, 683
– darwinii boliviana 462
– – salvadorii 463
– maculosa chacoensis 462
– minor 185
Notiomystis cincta 676

notophila, Lissotis 258
Notornis 253
– mantelli 253, 257
– – hochstetteri 257
novaeguinea, Dacelo 342
novaeguineae, Pitta 666
novaehollandiae, Cereopsis 609
–, Dromaius 182
–, Eudyptula 187, 191
–, Larus 274, 275
–, Menura 378
–, Scythrops 302
–, Tyto 320
novaeseelandiae, Anthus 386, 387
novaezealandiae, Dinornis 183
novicius, Chlorospingus 440, 441
nubica, Campethera 350
nuchalis, Glareola 269
–, Grallaria 427
Nucifraga 646, 647, 664, 693
nudiceps, Gyps 231
nudirostris, Treron 285
Numenius 638, 647, 714/5
– americanus occidentalis 264
– arquata 262
– borealis 264
– minutus 262, 264
Numida 244, 245, 633, 635, 636, 641, 642, 649, 662, 669, 709
– meleagris 699, 709, 710
– – galeata 249
– – macroceras 249
Numididae 249, 679
numidus, Dendrocopos 351
Nuttallornis 372
nuttingi, Myiarcchus 368, 372, 427
–, Oryzoborus 436, 439
nyasa, Cisticola 413
Nyctanassa 210
– violacea bancrofti 210
– – caliginis 210
– – violacea 210
Nyctea 604
– scandiaca 323
nycthemera, Lophura 248
nycthemerus, Gennaeus 248, 699
–, Hierophasis 699
Nyctibiidae 607, 716
Nyctibius 603
– griseus 608
– griseus cornutus 325
– – griseus 325
– – mexicanus 325
Nycticorax nycticorax 690
– – hoactli 210, 460
– – nycticorax 209, 210, 460
nycticorax, Nycticorax 209, 210, 460, 690
Nyctidromus 659, 682, 696
– albicollis 693
– – gilvus 327
Nyctinassa 210
Nyctiphrynus ocellatus ocellatus 325, 327
Nymphensittich 291
Nymphicus 291
Nyroca affinis 213
– americana 213, 465
– ferina 213, 671
– fuligula 213, 217, 671
– valisineria 465, 609
nyroca, Aythya 605

oatesi, Pitta 367, 368
oaxacae, Caprimulgus 328
–, Thryothorus 397
obbiensis, Calandrella 379, 382, 429
obscura, Muscicapa 424
–, Penelope 467
–, Sporophila 438
–, Sturnella 444
obscurior, Sublegatus 428
obscurodorsalis, Machetornis 371
obscurus, Dendragapus 686
–, Molothrus 416, 445
–, Myadestes 405
–, Pezites 444
–, Phaeornis 402, 406
–, Pyrocephalus 470
obsoletus, Crypturellus 653, 671
ocai, Pipile 439
occidentalis, Catharus 407
–, Centropus 320
–, Chlorocichla 391
–, Falco 240
–, Haematopus 259
–, Larus 274
–, Molothrus 444, 447, 689
–, Myadestes 405
–, Numenius 264
–, Pelecanus 202, 203
–, Pipreola 376, 377
–, Platycercus 301
–, Podiceps 464
–, Troglodytes 397, 398
occipitalis, Chlorophonia 441
–, Melozone 436, 439
–, Phylloscopus 304
–, Yuhina 411
oceanicus, Oceanites 199
Oceanites gracilis gracilis 199
– oceanicus 199
Oceanodroma carbo 199
– castro 199
– – bangsi 199
– furcata 198, 199
– leucorrhoa 199

- markhami 199
- tethis tethis 199
- tristrami 199
ocellata, Leipoa 240
ocellatum, Toxostoma 398, 399
ocellatus, Nyctiphrynus 325, 327
Ochetorhynchus ruficaudus ruficaudus 362, 426
ochotensis, Locustella 413, 417, 657
ochraceiventris, Leptotila 355
ochrocephala, Amazona 298
ochrogaster, Estrilda 450
ochrogyne, Oryzoborus 439
ochroleuca, Pseudoseisura 360, 364, 427
Ochromela 420
ochropectus, Francolinus 243, 247
ochropus, Tringa 663, 673
ochropygia, Eremomela 310
ochruros, Phoenicurus 308, 669, 672, 685, 701
Ochthoeca 374, 427, 668
- parvirostris 370
- rufipectoralis rufipectoralis 371, 427
Ochthornis 427
ocieta, Collocalia 331
ocularis, Ploceus 675
odomae, Metallura 357
Odontophorus 242
- atrifrons 354
- columbianus 264, 354
- dialeucos 354
- gujanensis buckleyi 246
- - castigatus 242, 246
- stellatus 242, 246
Odontriorchis 221
- palliatus 224, 353
Oedicnemus 713
oedicnemus, Burhinus 609
Oenanthe 676, 681, 689
- bifasciata 676
- capistrata 406
- hispanica hispanica 406
- - melanoleuca 406
- monticola 311
- oenanthe 606, 669
- - oenanthe 406
- - phillipsi 406
- opitholeuca 406
- picata (statt pileata) 406
- xanthoprymna kingi 406
oenanthe, Oenanthe 406, 606, 669
oenas, Columba 606
olivacea, Amaurornis 256
-, Certhidea 439
-, Gerygone 312
-, Nectarinia 311
olivaceiceps, Coua 319
olivaceofuscus, Turdus 403, 407, 430
olivaceus, Criniger 390, 392
-, Phalacrocorax 203
-, Picumnus 349, 358
-, Tropicoperdix 248
-, Turdus 407
olivascens, Myiarchus 372
-, Sicalis 435, 436, 438
olivater, Turdus 409
olivieri, Porzana 252, 255
olor, Cygnus 647, 671, 683
olrogi, Cinclodes 362
omissus, Larus 272
onocrotalus, Pelecanus 202
Onychognathus 681
- morio 304
- nabouroup 304
Onychorhynchus 368
- swainsoni 680, 684
ophthalmicus, Chlorospingus 440, 441
Opisthocomus 709, 714
opistholeuca, Oenanthe 406
opisthomelas, Puffinus 196
Oreicola 420
oreobates, Saxicola 405
Oreopeleia 289
- chiriquensis 355
- lawrencii lawrencii 290, 355
- linearis trinitatis 290
- montana 290
oreophilus, Buteo 228
Oreortyx 242
Oreoscoptes 681
Oreotriccus 428
Oreotrochilus adela 337, 357
oreskios, Harpactes 341
orientalis, Acrocephalus 309
-, Aquila 231
-, Pterocles 284
Oriolidae 651, 680, 681
Oriolus 646, 658, 664, 665, 690, 692, 710
- chinensis indicus 693
- oriolus 606
oriolus, Oriolus 606
orix, Euplectes 311, 452, 453, 649
ornata, Nothoprocta 185, 186
ornatus, Calcarius 686
-, Spizaetus 222, 230, 353
-, Trichoglossus 292, 355
Ornitholithus 257
- arcuatus 257, 258
- biroi 257
- mammeatus 257
- mammilatus 257
- mammosus 257
Oroaetus 222, 230
- isidori 230, 353
orphogaster, Nectarinia 433
orru, Corvus 703
Ortalis 658
- garrula frantzii 241

– vetula cinereiceps 241
– – poliocephala 241
Orthonychinae 715
Orthorhamphus 603
– magnirostris 705
Orthotomus 411
– atrogularis 673
– sepium sepium 304
– sutorius 312
Ortygocichla 411, 684
– rubiginosa 680
Ortygonax rytirhynchos luridus 254
Ortygospiza atricollis muelleri 451
– gabonensis fuscata 450
– locustella 451
– – locustella 451
Ortyxelos meiffreni 657
oryzivora, Scaphidura 446
Oryzoborus 458
– angolensis funereus 439
– – ochrogyne 439
– – salvini 439
– crassirostris nuttingi 436, 439
Oscines 453, 638
osgoodi, Tinamus 462
oshanai, Struthio 181
osmastoni, Urosphena 688
Ostinops (recte Psarocolius) decumanus 682
ostralegus, Haematopus 258, 259
Ostsee-Tordalken 282
Otidae 258, 603, 651, 680, 681
Otis 649, 660, 665, 672, 684, 713
– tarda 647
Otophanes 325
– mcleodii 325, 327
– yucatanicus 325, 327, 356
Otus asio 322
– – asio 322
– – naevius 321
– atricapillus 669
– choliba luctisonus 322
– clarkei 322, 356
– cooperi chiapensis 322, 356
– guatemalae guatemalae 322, 356
– – thompsoni 322
– – tomlini 322
– hartlaubi 356
– ireneae 356
– marshalli 356
– minimus 356
– roboratus 322
– scops cycladum 321
– – stictonotus 321
– watsonii watsonii 322, 356
oustaleti, Cinclodes 362
–, Nothoprocta 186
owampensis, Accipiter 227
oweni, Anomalopteryx 183
Oxypelia 355
Oxyrunciidae 367
Oxyura 213, 600, 603, 617, 618, 628, 640, 645, 647, 692, 714
– australis 213
– dominica 217
– ferruginea 218
– jamaicensis 213, 217, 218
– – ferruginea 218
– leucocephala 213
– maccoa 218

Pachycephala 605
– caledonica 423, 425, 430
– vitiensis 431
Pachycephalidae 420
Pachycephalinae 420
pachycephaloides, Clytorhynchus 423, 425, 430
Pachycephalopsis 421
Pachycoccyx audeberti valida 306, 314, 393
Pachyornis elephantopus 183
Pachyptila crassirostris 195
– desolata 198
– – altera 464
– – macquariensis 464
– – mattingleyi 464
– forsteri salvini 195
– salvini 198
– turtur 198
– – crassirostris 195
– vittata 198
– – salvini 195
Pachyramphus 368, 375, 376, 377
– cinnamomeus cinnamomeus 376, 377, 429
– – fulgidior 376, 377
– validus 429
– – validus 376, 377
pachyrhynchus, Eudyptes 187, 189, 190
Pachystruthio pannonicus 180
pacifica, Gavia 191
pacificus, Anthus 387
–, Histrionicus 217
–, Pareudiastes 251
Pagodroma 195
– nivea 198
Palaeognathae 179
pallasi, Emberiza 435, 437
pallasii, Alcedo 341
palliata, Vermivora 442
palliatus, Junco 686
–, Odontriorchis 224, 353
–, Porphyrio 256
pallida, Bradornis 679
–, Crataerrina 330
–, Leptasthenura 362
–, Petrochelidon 384

–, Upucerthia 361
pallidiceps, Heliomaster 338
–, Muscisaxicola 371
pallidicrissa, Columba 287
pallidigaster, Anthreptes 433, 457
pallidipes, Urosphena 688
pallidirostris, Lanius 394
pallidus, Buteo 228
–, Charadrius 354
–, Criniger 392
–, Cuculus 303, 660, 682
–, Falco 239
–, Poicephalus 299
–, Spilornis 233
–, Zanclostomus 318
palliolatus, Misocalius 680
palloris, Coccyzus 318
Palmengeier 220
palmeri, Phaeornis 402, 407
–, Porzanula 252, 254
palpebrata, Phoebetria 194
palpebrosa, Gerygone 304
paludicola, Acrocephalus 688
–, Cistothorus 660, 671
–, Estrilda 450
palumbus, Columba 287, 606, 672
palustris, Acrocephalus 307, 308, 413, 671, 672, 673, 693
–, Cistothorus 660, 671, 675, 681, 683, 694, 695
–, Megalurus 413, 417
–, Parus 432
pamirensis, Charadrius 261
panamensis, Amazona 298
–, Chordeiles 325, 327
–, Malacoptila 345
Pandion 647, 682, 709, 715
– haliaetus carolinensis 233
– – haliaetus 233
Pandioninae 219
pannonicus, Pachystruthio 180, 181
–, Struthio 180
Panurus 646, 664, 715
Papageien 291, 605, 607, 646, 651, 654, 658, 669, 676, 677, 684, 692
papua, Pygoscelis 187, 188
papuanus, Falco 238
Parabuteo 220
– unicinctus 220
– – superior 229
– – unicinctus (errore Chondrohierax) 225
Paradiesvögel 604, 664
Paradisaea 603, 640, 665, 674, 704
– apoda augustaevictoriae 673
paradiesaea, Sterna 271, 272, 276, 672, 673, 676, 689, 705
Paradisaeidae 455, 651, 663, 667, 694
paradiseus, Dicrurus 455
paradisi, Hemispingus 457
–, Terpsiphone 423, 425
Paradoxornis 671, 672, 679, 681
– sutorius 679
– webbianus 685
paraguaiae, Capella 265
paranensis, Leptasthenura 363
Parareomyza maculata bairdi 443
parellina, Passerina 436, 440
pareola, Chiroxiphia 375
Pareudiastes pacificus 251
Paridae 432, 605, 679, 680, 681, 715
Parisoma 305, 310
Paroaria capitata capitata 440
parodii, Hemispingus 457
Parra (besser Jacana) 713, 714
Parulidae 396, 442, 680, 681, 686, 715
Paruliden 684
Parus 252, 603, 605, 641, 669, 710
– ater 646, 647
– atricapillus 432
– caeruleus 604
– carolinensis 432
– cinctus 646, 647
– cyanus tianschanicus 433
– leucomelas insignis 432
– major 459, 604, 646, 647
– montanus 432
– – rhenanus 432
– – salicarius 432
– – songarus 432
– palustris communis 432
parva, Carduelis 701
–, Conopias 369, 372
–, Muscicapa 673
–, Porzana 664
parvexi, Eremophila 382
parvirostris, Colorhamphus 370
–, Crypturellus 680
–, Elaenia 374
–, Hypsipetes 390, 392
–, Ochthoeca 370
parvula, Colluricincla 423, 425
parvulus, Aeronautes 333
–, Apus 333, 356
parvus, Anthus 386, 388
–, Coryphotriccus 369, 372
Passer 310, 311, 379, 605, 646, 647, 671, 705
– atricapillus 432
– domesticus 435, 673, 688
– – domesticus 451
– – indicus 451
– melanurus 311, 451
– – melanurus 304
– montanus 432, 673
– – catellanus 452
– – montanus 452
– – saturatus 452
Passeres 469, 651, 664

Passeriformes 212, 304, 359, 367, 432, 445, 447, 457, 460, 600, 604, 638, 640, 660, 685, 703, 710
Passerina 142
– cyanea 676
– parellina parellina 436, 440
passerina, Columbigallina 289
passerinii, Ramphocelus 441
passerinus, Cacomantis 303, 310, 691, 694
–, Forpus 291
pastinator, Cacatua 294
Pastor 646, 647, 710
patachonicus, Aptenodytes 187
–, Tachyeres 465, 466
Patagona gigas 704
patagonica, Asthenes 363
–, Eudromia 187
patagonicus, Mimus 398, 399
–, Phrygilus 437
patagonus, Cyanoliseus 467
patulus, Cercococcyx 310, 315
Pavo 244, 245, 253, 633, 649, 661, 662, 669, 684
– cristatus 244, 626, 699
– muticus muticus 249
– – spicifer 249
pavoninus, Dromococcyx 313
payesii, Ixobrychus 210
paytae, Geositta 361
pealei, Erythrura 658
–, Falco 234, 238
pectoralis, Aphelocephala 415, 419, 430
–, Caprimulgus 326, 328
–, Circaetus 232, 233
–, Coracina 388
–, Garrulax 304, 305
–, Lorius 603, 605
–, Luscinia 401, 404
–, Notarchus 345, 358
–, Prinia 414, 418
–, Rallus 254
pecuarius, Charadrius 260
Pedionomidae 250
Pekingenten 597
pelagicus, Haliaeetus 466
–, Hydrobates 199, 690
Pelagodroma marina 199
Pelargopsis capensis cyanopteryx 342
Pelecanidae 200, 636, 679
Pelecaniformes 188, 200, 603
Pelecanoides urinatrix 198
Pelecanoididae 198
Pelecanus 600, 603, 633, 634, 638, 639, 647, 651, 684, 696, 698
– crispus 609, 630, 697, 698
– erythrorhynchos 202
– occidentalis 202
– – californicus 203
– – carolinensis 203
– – thagus 203
– onocrotalus 202
– rufescens 202
peli, Scotopelia 323
Pelikane 202, 203, 608, 630, 631, 634, 640, 649, 658, 669, 697, 698, 704
Pellorneum 664
Peltops 421
pendulinus, Remiz 647
Penelope albipennis 241, 354
– argyrotis argyrotis 241
– dabbenei 467
– obscura bridgesi 467
– – obscura 467
– purpurascens purpurascens 241
– superciliaris major 467
Penelopina nigra 241, 354
Peneothello 421
penicillata, Meliphaga 304
peninsulae, Accipiter 225
– (sub sordidulus), Centropus 428
pennata, Pterocnemia 182, 462
pennatus, Hieraaetus 466, 646, 705
Penthoceryx sonneratii lucidus 304
– – musicus 303, 316
– – schlegeli 304, 310, 315
– – sonneratii 310
– – waiti 304, 310, 315
pentlandii, Nothoprocta 186, 187
–, Tinamotis 680
percnopterus, Neophron 709
Percnostola lophotes 427
– macrolopha 427
perconfusus, Falco 234
perdicaria, Nothoprocta 187
Perdicula asiatica asiatica 243
Perdix 603, 604, 652, 671, 672, 675, 689, 702
– perdix perdix 247
perdix, Brachyramphus 282
–, Perdix 247
peregrinoides, Falco 234
peregrinus, Falco 234, 237, 238, 605, 646, 689
–, Plegadis 212
Pericrocotus 310, 663, 681
– brevirostris 389
– erythropygius 664
– flammeus 310
Perisoreus 647
– infaustus 647
Perissocephalus tricolor 377, 378, 429
Perissotriccus 370, 373
perlata, Pyrrhura 296, 355
Perlhühner 245, 618, 672, 699, 710
Perninae 220
Pernis 603, 633, 638, 646, 665, 671, 682
– celebensis 221
– – celebensis 224, 353
– ptilorhynhus 221, 353
– – ptilorhynchus 224

– ruficollis 353
perreini, Estrilda 450
personata, Gerygone 304
–, Poephila 659
–, Sula 202
personatus, Lobibyx 261
–, Pterocles 284
perspicillata, Grallaria 469
–, Pulsatrix 323
perspicillatus, Garrulax 410
perthi, Phalacrocorax 204
pertinax, Aratinga 295
peruana, Cinnycerthia 397
peruanus, Thryothorus 396, 397, 472
peruviana, Geositta 361, 426
–, Nothoprocta 186
–, Vini 293, 355
peruvianus (recte peruanus), Thryothorus 472
peruviensis, Volatinia 438
–, Zonotrichia 437, 444, 447
petechia, Dendroica 445
Petrochelidon fuliginosa 384, 426
– fulva pallida 384
– pallida pallida 384
– preussi 693
– pyrrhonota 383
– rufigula 383, 384
– spilodera 470, 471
Petroica 421, 605, 681, 685, 693
– bicolor 660, 665, 680
– goodenovii 424
– macrocephala 665
Petronia 347
– superciliaris 347
– superciliosus 347
petrosus, Anthus 386, 673
Pezites militaris 696
– – chacurus 446
– – obscurus 444
Pezoporus 292
– wallicus flaviventris 301
Pflanzenmäher 378
Phacellodomus rufifrons 369
– – rufifrons 364
– – sincipitalis 360, 364
– sibilatrix 444
– striaticollis maculipectus 364, 468
– – striaticollis 360, 364
Phaenicophaeus 676
– curvirostris 318
Phaeochroa cuvieri maculicauda 334, 356
Phaeomyias 470
– murina tumbezana 370
– – wagae 370, 373
phaeonotus, Junco 686
phaeopygia, Pterodroma 197, 198
Phaeornis 402
– obscurus obscurus 402, 406
– palmeri 402, 407
Phaeothlypis rivularis rivularis 443
Phaeotriccus 427
Phaethon 603, 638, 665, 684, 694
– aethereus aethereus 200
– – mesonauta 200
– lepturus ascensionis 200
– rubricauda 461
– – rothschildi 200
Phaethontidae 660, 682
Phaethornis 599, 658, 699
– guy coruscus 333
– koepckeae 356
– longuemareus atrimentalis 334
– – saturatus 334
– margarettae 356
– nigrirostris 356
– superciliosus cephalus 334
– – mexicanus 333
– syrmatophorus 356
Phaetusa 605
phainolaema, Heliothryx 338
Phainopepla melanoxantha 395, 429
– nitens 395
phairei, Pitta 367, 368
Phalacrocoracidae 203, 679, 703
Phalacrocorax 205, 593, 599, 600, 603, 605, 608, 629, 634, 638, 641, 642, 647, 659, 669, 671, 673, 678, 683, 698
– africanus africanus 205
– – coronatus 205
– albiventer 204, 205
– – albiventer 205
– – melanogenis 205
– – purpurescens 205
– – verrucosus 204, 205
– aristotelis 204
– – aristotelis 203
– atriceps georgianus 204
– – traversi 205
– auritus auritus 203
– bougainvillii 204
– brasilianus 203
– carbo carbo 203
– – hanedae 204
– – lucidus 204
– – lugubris 204
– hypoleucos 204
– javanicus 205
– niger 205
– olivaceus 203
– sulcirostris sulcirostris 203
– – territori 203
– urile 204
– varius perthi 204
– verrucosus 204
Phalaenoptilus 676, 686, 694
Phalaropus 647, 677

- lobatus 610
Phalcoboenus 603, 665, 680
- megalopterus albogularis 466
- - megalopterus 466
phaloenoides, Glaucidium 323
Phaps elegans 285
Pharomachrus 679, 685
- mocinno (fälschlich) 339
- mocino costaricensis 340
- - mocino 339
phasianella, Macropygia 288
phasianellus, Dromococcyx 313
Phasianidae 244, 253, 652, 679, 681, 684, 703, 714
Phasianiden 598, 638, 674
phasianinus, Centropus 302
Phasianus 244, 646, 666, 672, 675, 709
- colchicus 243, 459, 680, 699
- - bianchii 248
- - colchicus 243
- - mongolicus 243
- - septentrionalis 248
- - tenebrosus 243
- - torquatus 243, 626
- - turcestanicus 248
Phasidus 245
Phegornis 354
- mitchelli 260, 262
phelpsi, Cypseloides 356
Pheucticus 681
Phibalura 375, 665, 681, 685
- flavirostris 693
Philemon 674
- cockerelli 673
- corniculatus 317, 666
- diemenensis 434, 435, 457
Philentoma 421
Philepitta 684
Philepittidae 367, 660, 679
Philesturnus 682
philippensis, Loriculus 301, 356
-, Rallus 254
-, Sturnus 453
philippinus, Ploceus 453
-, Sturnus (recte philippensis) 453
philipsi, Aegithina 392
phillipsi, Oenanthe 406
-, Turdus 400, 409
Philohela minor 668, 705
Philomachus 647, 672
- pugnax 262, 264
philomelos, Turdus 403, 408, 652, 668, 671, 673, 678, 684, 689, 701, 715
Philydor hylobius 427
Phimosus infuscatus 212, 213
Phleocryptes 679, 685, 692
- melanops brunnescens 360, 362
Phloeoceastes guatemalensis regius 352, 358
- leucopogon major 348, 352
- robustus 705
Phodilus badius badius 321
- - saturatus 321
phoebe, Sayornis 371
Phoebetria fusca 194
- palpebrata 194
phoebus, Tauraco 301
phoenicea, Lalage 693, 696
phoeniceus, Agelaius 446, 461
Phoenicopteridae 679
Phoenicopterus 599, 600, 634, 637, 638, 639, 642, 647, 696, 709
- ruber 211
- - roseus 630, 682
Phoeniculidae 679, 692
Phoeniculus 692
- aterrimus 345, 358
- - aterrimus 345
- purpureus guineensis 344
phoenicuroides, Lanius 394
Phoenicurus 647, 652, 679, 683, 684, 685, 693, 694, 695, 696
- auroreus 652, 681
- caeruleocephalus 401, 405, 652
- erythrogaster grandis 401
- erythronotus 652
- - erythronotus 401, 405
- frontalis 652
- ochruros 308, 669, 672, 685, 701
- - gibraltariensis 701
- phoenicurus 308, 652, 669, 672, 701
- - phoenicurus 472
- rufiventris 671
- schisticeps 652
poenicurus, Eremobius 359, 362, 426
-, Phoenicurus 308, 472, 652, 669, 672, 701
Phonygammus 715
Phragamaticola 411, 603, 665, 682, 684
- aedon 473
phryganophila, Synallaxis 468
Phrygilus 681
- atriceps atriceps 435, 437
- - punensis 435, 437
- gayi 435
- - caniceps 437
- patagonicus 437
- plebejus naroskyi 435, 437
Phylidonyris 434
- melanops 434
- undulata 434, 435, 457
Phyllastrephus 715
- capensis 665
- flavostriatus 680, 684
- - graueri 390, 391
- leucolepis 429
- poensis 389, 391, 429
- terrestris intermedius 389, 391

Phyllergates 411
Phyllolais pulchella 412
Phyllomyias 368, 428
– sclateri sclateri 428
Phylloscartes 370, 373, 428
– flavovirens 428
– virescens 428
Phylloscopus 608, 646, 661, 664, 696, 705
– collybita 309
– – collybita 408, 692
– inornatus 412
– – humei 304
– occipitalis coronatus 304
– proregulus 309
– trivirgatus trivirgatus 304
– trochilus 692
– – fitis 408
– xanthoschistos albosuperciliaris 412
Phytotoma 665, 668, 685
– rutila angustirostris 378
Phytotomidae 367, 378, 681, 685
Piaya 633, 704
– cayana hellmayri 318
– – insulana 303
– – mexicana 318
– – thermophila 318
– minuta gracilis 705
– – minuta 303
Pica 305, 647, 664, 672, 689 693
– pica 305, 693
– – galliae 305
– – hemileucoptera 456
– – mauritanica 673
– – melanotos 304, 305
– – pica 456
pica, Clamator 305, 314
–, Copsychus 401, 404
–, Fluvicola 444
–, Pica 304, 305, 456
pica, Pica 693
picaoides, Sibia 673
picata, Grallina 673
–, Oenanthe 406
pichinchae, Falco 239
Picidae 347, 599, 629, 638, 639, 640, 679, 703, 704
Piciformes 345, 629
Picoidea 347
Picoides stricklandi arizonae 352, 358
– tridactylus alpinus 352
picta, Chloephaga 215
–, Copsychus (recte pica) 401
pictipennis, Cisticola 688
pictus, Chrysolophus 699
Piculus leucolaemus simplex 350, 358
– rubiginosus yucatanensis 349
– simplex 350, 358
Picumnus castelnau 358
– cirratus thamnophiloides 349
– fulvescens 358
– fuscus 358
– limae fulvescens 358
– olivaceus flavotinctus 349, 358
– rufiventris 358
– spilogaster 358
– subtilis 358
Picus 599, 600, 605, 607, 641, 654, 696, 705
– mentalis mentalis 350
– mineaceus mineaceus 350
– puniceus puniceus 350
– rabieri 358
– viridis 612
Pieper 664, 668
Piezorhina cinerea 435, 438, 444, 447, 457
pilaris, Atalotriccus 373
–, Turdus 403, 408, 459, 472, 646, 652, 673
pilcomayensis, Momotus 344
pileata, Atlapetes 439
–, Leptasthenura 426
– (recte picata), Oenanthe 406
–, Timalia 410, 673
pileatus, Chlorospingus 457
–, Pilherodius 207
Pilherodius pileatus 207
Pinarocorys 381
Pinaroloxias 438
– inornata 436, 439, 457
Pinguine 187, 188, 189, 190, 332, 604, 607, 617, 629, 640, 649, 658, 669, 683
Pinguinus impennis 281
Pinicola 681
pinus, Vermivora 701
Pionites leucogaster leucogaster 296, 355
– – xanthomeria 297
– melanocephala melanocephala 296, 355
Pionus chalcopterus 297, 355
– fuscus 297, 355
– menstruus 297
– senilis senilis 297, 357
– sordidus sordidus 297, 355
Pipilo 681
– albicollis 436
– arcticus 686
– chlorurus 436
– ocai brunnescens 439
pipixcan, Larus 275
Pipra 375, 376
– erythrocephala erythrocephala 375
– serena serena 375, 428
Pipraeidea melanonota 440, 441, 457
Pipreola aureopectus 377
– jucunda jucunda 376, 377
– riefferii occidentalis 376, 377
Pipridae 367, 375, 376, 663, 680, 681, 715
Pipriden 669
Piprites 603, 665
Pipromorpha 370, 373

Piranga 681, 685
- bidentata citrea 441
- erythrocephala 457
- flava dextra 441
Pirole 606, 642, 668, 684
pitanay, Haematopus 259
Pitangus 677
- sulphuratus 666, 693
- - rufipennis 372
Pithecophaga 220, 222
- jefferyi 230, 353
Pithys albifrons albifrons 365, 366, 427
Pitohui 682
- dichrous 423, 425
- ferrugineus 683
- nigrescens buergersi 423, 426
Pitta 367, 664
- angolensis 367
- - angolensis 368
- baudii 427
- elliotii 427
- oatesi deborah 367, 368
- - oatesi 367, 368
- phairei 367, 368
- sordida novaeguineae 666
- steerei 427
Pittas 684, 710
Pittidae 367, 651, 680
piurae, Pyrocephalus 470
plagosus, Chalcites 303, 304, 310, 312, 316, 693, 694
plancus, Polyborus 233, 235
Platalea 641, 646, 647, 664, 699, 715
platensis, Cistothorus 660, 675, 683, 694, 695
-, Leptasthenura 363
Platycercus 605
- caledonicus caledonicus 292
- elegans 605
- venustus 605
- zonarius occidentalis 301
Platylophus galericulatus 716
Platypsaris 375, 376, 377
- rufus 376
- - rufus 377
platypterus, Buteo 220, 228
platyrhynchos, Anas 213, 215, 237, 460, 671, 690, 700
Platyrinchus 368, 677
- cancrominus 369, 373
- flavigularis 431
- mystaceus cancrominus 369
Platysteira 347, 421
Platysteiridae 421
platyura, Schoenicola 412, 416, 417
-, Scotocerca 414, 418
Plautus alle 281, 647
- - alle 282
- - polaris 282
plebejus, Phrygilus 435, 437
-, Turdoides 306, 314, 410, 652, 660, 680, 688, 691, 694
Plectrophenax 646, 647, 674
- nivalis 673, 691
Plectropterus 649
Plegadis 605, 629, 647, 655, 660, 673, 679, 683, 684, 696, 699, 714
- chihi 212, 213
- falcinellus 212
- - peregrinus 212
- guarauna 212, 213
pleskei, Locustella 413, 417, 657
pleurostictus, Thryothorus 396, 694
Ploceidae 451, 646, 651, 660, 661, 667, 679, 680, 681, 689, 694
Ploceiden 604, 605, 672, 685
Plocepasser 311
- mahali 673
Ploceus 311, 452, 674, 677, 681, 696, 704
- angolensis 458
- bicolor stictifrons 452
- bojeri 673, 689
- capensis 311
- - temporalis 311, 451, 452
- cucullatus 311
- - abyssinicus 689
- - cucullatus 451, 453
- - nigriceps 311, 453
- dichrocephalus 452, 453, 457
- hypoxanthus 682
- intermedius 311
- melanocephalus 667
- - fischeri 693
- nigerrimus castaneofuscus 453
- nigrimentum 452
- ocularis 675
- philippinus burmanicus 453
- st. thomae 311
- subaureus 311
- velatus 311, 451
- - velatus 689
- - vitellinus 689
- xanthops 311
- xanthopterus 689
Plotus 670
plotus, Sula 200
plumata, Prionops 693
plumbea, Leucopternis 353
-, Polioptera 416
-, Porzana 252, 255, 263
plumbeiceps, Todirostrum 313, 428
plumbeiventris, Gymnocrex 252
plumbeus, Micrastur 353
-, Rostrhamus 225
-, Turdus 408
plumifera, Guttera 249
Pluvialis 647, 665

- apricaria 610, 673
- dominica 610
Pluvianus 268
- aegyptius 268
Plymouth-Hähne 700
Podager nacunda 693
Podargidae 676, 679, 703
Podargus 716
Podica 681
Podiceps 593, 595, 599, 605, 608, 617, 621, 629, 633, 634, 638, 641, 642, 647, 648, 669, 671, 673 690, 691
- cristatus 594, 671
- - cristatus 193
- - infuscatus 193
- gallardoi 192
- grisegena grisegena 193
- nigricollis 193
- - gurneyi 193
- - nigricollis 192
- occidentalis juninensis 464
podiceps, Podilymbus 193, 691
Podicipedidae 259, 658, 679, 703
Podicipediformes 192, 464
Podilymbus podiceps 690
- - antillarum 193
- - podiceps 193
Podoces 676, 687, 715
poecilopterus, Nesoclopeus 254
-, Rallus 254
poecilorhyncha, Anas 700
Poecilotriccus 428
- capitalis 428
- tricolor 428
Poecilurus scutatus 363
poecilurus, Chalcites 312, 317
poensis, Muscicapa 422, 424
-, Phyllastrephus 389, 391, 429
Poephila 605
- guttata castanotis 626
- - personata 659
Pogoniulus 347, 642, 669, 704
- duchaillui 346, 358
Pogonocichla stellata stellata 400, 403
Pogonotriccus 370, 373, 428
Poicephalus 704
- guilelmi massaicus 299, 355
- meyeri reichenowi 299
- - transvaalensis 299
- robustus fuscicollis 292
- - robustus 299
- - suahelicus 299
- rufiventris pallidus 299, 355
- senegalus mesotypus 299, 355
polaris, Plautus 282
Polemaetus 221
Polihierax 233, 676
- semitorquatus 235
- - semitorquatus 236
poliocephala, Chloephaga 659, 696
-, Ortalis 241
-, Stachyris 430
poliocephalum, Todirostrum 660
Poliocephalus 692
- policephalus cloatesi 192
- ruficollis javanicus 192
poliocephalus, Caprimulgus 326, 329
-, Chloephaga 659, 696
-, Crypturellus 185
-, Cuculus 303, 304, 309, 315, 660, 680, 687, 691, 694
-, Poliocephalus 192
-, Porphyrio 256, 257
poliocerca, Eupherusa 336
poliogaster, Accipiter 226
Poliolais lopesi 412
Poliolimnas cinereus 693
- - leucophrys 256
- - minimus 256
polioptera, Cossypha 401, 404, 429
Polioptila 412
- albiloris 445
- - vanrossemi 412, 416
- caerulea nelsoni 416
- plumbea superciliaris 416
Polioptilinae 411
polioxantha, Eremomela 414
Polipicus 358
- johnstoni 358
polleni, Xenopirostris 696
pollux, Cercomela 405
Polyboroides 220, 232
- typus 232
Polyborus 233, 603, 605, 680
- plancus 233
- - plancus 235
Polystictus 370
Polytelis 605
Pomarea 421
pomarina, Aquila 223, 230, 666, 709
pomatia, Helix 206
Pomatorhinus 660, 677, 684, 687, 694, 715
Pomatostomus 409, 603, 660, 665, 677, 687, 694, 704, 715
- halli 409, 410, 430
- superciliosus 409, 410
ponapensis, Collocalia 331
Poospiza 664, 665, 667, 668, 681, 684
- melanoleuca 715
porphyreolophus, Gallirex 302, 356
Porphyrio 605, 647, 659
- albus 251
- caerulescens 251
- caeruleus 673
- melanotus 673
- poliocephalus melanotus 257

- - palliatus 256
- - seistanicus 256
Porphyriola 605
Porphyriops 681
- melanops 693
Porphyriornis comeri 253, 256 (31. Zeile, ohne Namen)
Porphyrula flavirostris 256
- martinica 256
Porzana 605, 647
- albicollis typhoeca 255
- flaviventer flaviventer 252, 255, 354
- intermedia 681
- minimus 256
- olivieri 252, 255
- parva 664
- porzana 665, 681, 684
- spiloptera 354
- tabuensis plumbea 252, 255, 263
- - tabuensis 252, 255, 263
porzana, Porzana 665, 681, 684
Porzanula palmeri 252, 254
potanini, Montifringilla 452
praetermissa, Sterna 675
prasinorrhous, Ptilinopus 286
prasinus, Aulacorhynchus 348, 358
pratensis, Anthus 308, 673, 690, 695
pratincola, Glareola 269, 693
Premnornis guttuligera 427
pretiosa, Terpsiphone 425
pretrei, Amazona 297, 355
preussi, Petrochelidon 693
princei, Zoothera 402, 406, 430
Prinia 311, 412, 600, 640, 665, 679, 680, 681, 684, 685
- flaviventris 680
- - rafflesi 418
- fluviatilis 430
- gracilis 680
- - deltae 688
- - gracilis 688
- - lepida 688
- - stevensi 688
- hodgsoni leggei 414, 418
- - pectoralis 414, 418
- inornata 688
- molleri 311
- pectoralis 414
- socialis 691, 695
- subflava affinis 311, 676, 692
- - inornata 304
Priocella antarctica 195
Prioniturus montanus waterstradti 299
Prionopidae 651, 680, 681, 716
Prionops 681
- plumata talacoma 693
- retzii 306
- - retzii 314, 392, 393
- scopifrons 392, 429
- - kirki 393
prionurus, Cacomantis 310
pririt, Batis 310
Probosciger aterrimus 603, 605
Procellaria 195
- aequinoctialis 198
- cinerea 198
Procellariidae 194, 197, 677
Procellariiformes 188, 193, 197, 464, 603
Procelsterna 603
- cerulea albivitta 272
- - imitatrix 272, 280
Procnias 375,377
- averano carnobarba 377
Prodotiscus insignis 347
- regulus 347
Progne 654
- chalybea chalybea 383
- - elegans 383
- modesta elegans 383
Promerops 714
proregulus, Phylloscopus 309
Prosopeia 648, 658
- tabuensis atrogularis 300
- - tabuensis 300
prostheleuca, Henicorhina 398
Protoceratops 612
- andrewsi 613, 617, 618
Prunella 308, 647, 652, 683, 684
- atrogularis huttoni 400
- - lugens 400
- collaris 399
- fulvescens dahurica 399
- koslowi 400
- modularis 308, 309
- - modularis 399
- rubeculoides rubeculoides 399
Prunellidae 399, 679
Psalidoprocne 383
- holomelaena ruwenzori 385
Psamathia 411, 412, 716
- annae 412, 680
psammochroa, Melanocorypha 381
Psammornis 181, 182, 183, 648, 696
- libycus 181
- lybicus 181
- rothschildi 181, 184
Psarisomus 660, 662
- dalhousiae 666, 689, 693, 695, 704
Psarocolius 665, 677, 681, 682
- decumanus 674 (Ostinops), 682
- wagleri 369
Pselliophorus tibialis 440
Psephotus 605
- chrysopterygius 292
- - chrysopterygius 301
- - dissimilis 301

Pseudattila 428
Pseudhirundo griseopyga griseopyga 383
Pseudibis davisoni 669
Pseudobias 421
Pseudocossyphus imerinus bensoni 429
Pseudogerygone 420
Pseudogyps 668, 669, 682, 709
– africanus 232
– bengalensis 709, 710
Pseudoleistes 674
– virescens 444
Pseudonigrita arnaudi australoabyssinicus 451, 452
Pseudopodoces 676, 679, 680, 684, 687, 692, 715
– humilis 687
Pseudoseisura 360
– gutturalis ochroleuca 360, 364, 427
– lophotes argentina 360
Pseudotriccus 428
pseustes, Halcyon 342
Psilopsiagon aurifrons rubrirostris 296
psittacea, Psittirostra 457
Psittacidae 600, 603, 671, 696, 703
Psittaciformes 285, 291, 467
Psittacula alexandri 300
– – abbotti 300
– – alexandri 300
– bengalensis 300
– caniceps 300
– cyanocephala cyanocephala 300
– – rosa 300
– krameri krameri 300
– longicauda longicauda 300
– roseata juneae 300
– – roseata 300, 356
Psittacus erithacus 609
– timneh 609
Psitteuteles 293
– goldiei 293, 355
– iris iris 293, 355
– johnstoniae 293, 355
– versicolor 291, 605
Psittirostra 443
– psittacea 457
Psittrichas 356
– fulgidus 299
Psomocolax 677, 681, 705
Psophia 251, 649
– crepitans crepitans 251
– viridis 251, 354
Psophiidae 660, 679
pteneres, Tachyeres 465, 466
Pternistis afer afer 247
– böhmi 683
– cranchi 683
Pterocles 284, 678, 715
– alchata caudacutus 698
– bicinctus 667, 676, 684, 704
– coronatus vastitas 284
– decoratus decoratus 285
– exustus 693
– indicus 667, 676, 684, 693, 704
– lichtensteini lichtensteini 285
– – sukensis 285
– orientalis orientalis 284
– personatus 284
– quadricinctus 704
– – quadricinctus 285
– spec. 609
Pterocliden 704
Pteroclididae 259, 286, 462, 604, 646, 660, 680, 681, 713, 715
Pterocnemia 649, 687
– pennata albescens 182
– – pennata 182, 462
Pterodroma 197
– arminjoniana arminjoniana 196
– baraui 353
– brevirostris 198
– cooki defilippiana 197
– externa externa 195, 197
– hypoleuca 197
– incerta 196
– inexpectata 198
– lessonii lessonii 198
– leucoptera hypoleuca 197, 198
– macroptera gouldi 198
– – macroptera 195
– mollis 198
– – feae 197
– – madeira 197
– – mollis 195
– neglecta arminjoniana 196, 198
– phaeopygia 198
– – sandwichensis 197
– seba 198
Pteroglossus aracari 347, 358
– – aracari 347, 348
– torquatus erythrozonus 348
– – frantzii 348
– – torquatus 348, 358
Pteropodocys 681, 692
Pteroptochidae 715
Pteroptochos 367, 684
Ptilinopus 603
– arcanus 354
– greyii 286, 354
– insolitus 285
– melanospila chrysorrhoa 286
– rivoli prasinorrhous 286
ptilocnemis, Erolia 266, 267
Ptilogonys 395
– caudatus 395, 429
– cinereus cinereus 395
Ptilonorhynchidae 455
ptilorhynchus, Pernis 221, 224, 353

Ptiloris 603, 665
Ptilorrhoa caerulescens 409
Ptilostomus cafer 668
Ptochoptera iolaima 357
Ptychoramphus aleuticus 284
Ptyonoprogne rupestris 646
Pucrasia 633, 716
puella, Cecropis 669
Puffinidae 676
Puffinus 603, 637, 646, 669, 684
– bailloni 196
– bulleri 196, 198
– diomedea borealis 195, 196
– – diomedea 195, 196
– gavia 196
– griseus 198
– lherminieri loyemilleri 196
– – nicolae 196
– – subalaris 196
– nativitatis 196, 198
– puffinus 198
– – auricularis 196
– – opisthomelas 196
– reinholdi opisthomelas 196
– – reinholdi 196
– tenuirostris 198
puffinus, Puffinus 196, 198
pugnax, Philomachus 262, 264
pulchella, Charmosyna 293, 355
–, Nectarinia 682
–, Phyllolais 412
pulchellus, Caprimulgus 325, 327, 329, 356
pulcher, Calothorax 338
pulcherrimus, Alectroenas 286
pullaria, Agapornis 300
pulpa, Mirafra 429
Pulsatrix perspicillata trinitatis 323
pumila, Lalage 388
punctatus, Falco 234, 240
–, Thamnophilus 366
punctissima, Tyto 321
punensis, Asthenes 426
–, Grallaria 427
–, Phrygilus 435, 437
–, Thripophaga 426
punicea, Xipholena 376, 377
puniceus, Picus 350
pura, Coracina 388
purnelli, Amytornis 415, 419, 430
purpurascens, Penelope 241
–, Phalacrocorax 205
purpuratus, Trachyphonus 347
purpurea, Ardea 609, 646
purpureus, Carpodacus 688, 702
–, Phoeniculus 344
pusilla, Acanthiza 304
–, Aethia 281, 284
–, Emberiza 673
–, Glossopsitta 605
–, Micropsitta 293
–, Spizella 694
–, Sterna 279
pusillus, Loriculus 301
pusio, Micropsitta 293
pustulata, Spermophaga 450
pustulatus, Icterus 446
Puter 628, 713
Pycnonotidae 389, 471, 651, 667, 680, 696, 715
Pycnonotiden 310, 695
Pycnonotus 313, 378, 660
– affinis 429
– ansorgei 429
– aurigaster latouchei 389, 391
– barbatus 305, 309
– – barbatus 471
– – somaliensis 391
– cafer humayuni 390
– capensis 305
– curvirostris curvirostris 389, 391, 429
– gracilis 429
– – gracilis 389, 391
– hallae 429
– jocosus monticola 389, 390
– tephrolaemus bamendae 389, 391
– – tephrolaemus 389, 391
– tricolor dodsoni 690
– – fayi 690
– – littoralis 690
Pycnoptilus 603, 654, 677, 680, 694, 704
– floccosus 683
pygargus, Circus 232, 669
pygmaeus, Eurynorhynchus 263, 266
Pygoscelis 190
– adeliae 187, 188, 463
– antarctica 463
– papua 187, 188
– – ellsworthi 188
– – papua 188
– – taeniata 188
pylzowi, Urocynchramus 448, 449, 457
Pyriglena leuconota leuconota 365, 366
Pyrocephalus 665
– rubinus 693
– – cocachacrae 470
– – obscurus 470
– – piurae 470
Pyroderus 375
Pyromelana 669, 704
pyropya, Coua 319
Pyrrhocoma ruficeps 666
Pyrrhocorax 693
– pyrrhocorax brachypus 456
pyrrhocorax, Pyrrhocorax 456
pyrrhonota, Petrochelidon 383
pyrrhostictus, Lanius 395
Pyrrhula 646, 647, 648, 692

– europoea (statt europaea) 673
pyrrhula, Pyrrhula 673
Pyrrhulauda 381
pyrrhuloides, Emberiza 646, 647
Pyrrhura cruentata 295, 355
– frontalis chiripepe 296
– leucotis leucotis 296, 355
– molinae australis 296
– perlata coerulescens 296, 355
– rhodocephala 296, 355
Pyrrhurus 715
pyrrophanus, Cacomantis 310, 680
Pyrrulopsis 648
Python 600
– bivittatus 698
Pytilia hypogrammica 450

quadricinctus, Pterocles 285, 704
quassatrix, Motacilla 386
queribundus, Herpetotheres 233, 236, 466
querquedula, Anas 605, 646, 647
Querula 375
querulus, Myiarchus 372
quinticolor, Merops 344
Quiscalus 663, 665, 682
– lugubris lugubris 447
– mexicanus mexicanus 447
– niger 445
– quiscula versicolor 447
quiscula, Quiscalus 447

Rabenartige 676, 685, 714
Rabenvögel 605
rabieri, Picus 358
Rackelhuhn 702
Racken 646
Rackenartige 651
rafflesi, Prinia 418
rafflesii, Megalaima 346, 358
Rallen 252, 621, 642, 646, 651, 658, 664, 684, 715
Rallidae 251, 522, 664, 679, 680, 681, 694, 695, 714
Rallina cunningi 654
– tricolor 252
– – robinsoni 254
ralloides, Myadestes 405
Rallus 603, 647, 671, 713
– aquaticus 673
– – aquaticus 164
– – hibernans 253
– – indicus 687
– – korejewi 687
– castaneus 254
– elegans 705
– – ramsdeni 253
– – tenuirostris 253
– gularis 693
– longirostris longirostris 253
– madagascariensis 251, 252, 253, 254, 255
– pectoralis pectoralis 254
– philippensis ecaudatus 254
– – wilkinsoni 254
– poecilopterus tertius 254
– sanguinolentus luridus 254
– striatus gularis 254
– – striatus 254
– – taiwanus 254
– wetmorei 354
– woodfordi 254
Ramphastidae 679
Ramphastos 603, 641, 649, 704
– cuvieri 348
– tucanus 348
– – tucanus 348, 358
Ramphocaenus 412, 416
– melanurus 412, 416
– – rufiventris 416
Ramphocelus 681, 685
– passerinii passerinii 441
– sanguinolentus apricus 441
Ramphocoris 674, 675, 682
– clot-bey 673, 674, 677, 683
Ramphotrigon 368
– fuscicauda 370, 373, 428
– ruficauda 370, 373, 428
ramsayi, Burhinus 267
Ramsayornis modestus 304
ramsdeni, Rallus 253
Randia 411
Rapaces 679
rapax, Aquila 220, 223, 231
Raptatores 638
raricola, Vidua 457
Ratiten 181, 183, 185, 257
Rattus 321
Raubwürger 307
Rebhuhn 247, 654, 702
rectirostris, Ardea 207
–, Automolus 360, 364
–, Hylocryptus 360, 364, 427
–, Limnoctites 363
Recurvirostra 647, 690
Recurvirostridae 680
reevei, Turdus 431
regalis, Buteo 220
–, Heliangelus 357
Regenpfeifer 664
regionalis, Chlorospingus 440, 441
regius, Campephilus 352
–, Phloeoceastes 352
Regulus 213, 647, 665, 669, 690
– regulus regulus 473
regulus, Prodotiscus 347
–, Regulus 473

reichenbachi, Cinnyris 680
reichenbachii, Halcyon 342, 343
reichenowi, Poicephalus 299
Reiher 206, 604, 605, 607, 638, 646, 647, 669, 670, 677, 685, 704, 713, 714, 715
Reiherente 600, 601
reinholdi, Puffinus 196
reinwardt, Megapodius 240
Reinwardtoena browni 288
– reinwardtsi griseotincta 288, 355
reinwardtsi, Reinwardtoena 288, 355
relictus, Larus 240, 274
religiosa, Gracula 453
Remiz 600
– pendulinus 647
Remizidae 432, 715
renauldi, Carpococcyx 314, 318
Rennvögel 268
repetens, Vireo 444
Reptilien 589, 617, 650, 676, 698
retzii, Prionops 306, 314, 392, 393
–, Sigmodes 314, 392
rex, Balaeniceps 704
–, Morus 201
–, Stactolaema 346
–, Sula 201
Rhabdomys 305
rhami, Lamprolaima 337, 357
Rhamphococcyx 676
Rhea 185, 603, 617, 618, 637, 638, 641, 647, 649, 687
– americana 182
– darwinii 182
– macrorhyncha 704
Rheidae 679
Rheiformes 181
rhenanus, Parus 432
Rhinochetus 681, 714
Rhinocryptidae 367, 660, 679, 715
Rhinomyias 421
Rhinoplax vigil 358
Rhinoptilus 603, 663, 665
– africanus 268, 693
– chalcoptilus 268, 603
– cinctus 268
– – cinctus 268
Rhinoptynx clamator forbesi 324
– – midas 468
Rhipidura 421, 422, 603, 665
– clamosa 430
– rufifrons uraniae 425
– spilodera 422
– – layardi 422
– – rufilateralis 422
Rhipidurinae 421
Rhizothera longirostris longirostris 247
Rhodeländer 700
rhodocephala, Pyrrhura 296, 355
rhodocolpus, Carpodacus 688
rhodocorytha, Amazona 297
Rhodonessa 600
– caryophyllacea 216
Rhodopechys 664, 668
rhodopeplus, Carpodacus 450
Rhodopis 357
– vesper vesper 338
Rhodostethia rosea 271
Rhopodytes 633, 676
– sumatranus minor 318
– tristis tristis 303
Rhynchocyclus 677, 682
– brevirostris 369
– – brevirostris 373
Rhynchotus 185, 600, 603, 640, 648, 649, 654
– rufescens 653, 671
– – catingae 462
– – rufescens 462
Rhyticeros narcondami 345, 358
Rhytipterna 368
richmondi, Leucippus 335
ridgwayi, Buteo 228, 353
–, Caprimulgus 325, 328, 356
–, Colinus 245
–, Nesotriccus 470
ridibundus, Larus 270, 274, 275, 597, 652, 659, 672, 673, 674, 675, 695
riedeli, Lorius 299
riedelii, Tanysiptera 358
riefferii, Pipreola 376, 377
Riesenalk 281
Riesendampfschiffente 466
Riesengans 611
Riesenralle 715
Riesenschlangen 600, 636, 638
Riesenseeadler 466
riggenbachi, Indicator 347
Ringeltaube 606
Riparia 646, 705
– riparia 646
– – diluta 383
– – ijimae 383
riparia, Riparia 383, 646
ripponi, Gennaeus 248
–, Lophura 248
Rissa tridactyla 204, 271, 690
– – tridactyla 275
rivoli, Ptilinopus 286
rivularis, Phaeothlypis 443
rixosus, Machetornis 371
robinsoni, Myiophoneus 429
–, Rallina 254
roboratus, Otus 322
robusta, Saxicola 690
robustirostris, Acanthiza 419
robustus, Campephilus 705
–, Dinornis 183

–, Eudyptes 189, 190
–, Melichneutes 358
–, Phloeoceastes 705
–, Poicephalus 292, 299
rochii, Cuculus 660, 687, 694
Röhrennasen 197
rogersi, Calidris 263, 265
rogersii, Fulmarus 195
Rohrammer 600, 601, 702
Rohrsänger 411, 650
rolland, Colymbus 192, 464
–, Rollandia 192, 464
Rollandia rolland chilensis 464
– – rolland 192
Rollulus 600
roraimae, Automolus 427
–, Mionectes 370, 373
roratus, Lorius 299, 603, 605
rosa, Psittacula 300
rosacea, Ducula 286, 354
rosea, Rhodostethia 271
roseata, Psittacula 300, 356
roseicapilla, Cacatua 294
roseicollis, Agapornis 300
roseigaster, Temnotrogon 340
roseipectus, Carpodacus 688
Rosenstar 642
roseus, Phoenicopterus 630, 682
rossae, Musophaga 301, 302
rossii, Anser 213, 214
–, Chen 213, 214
Rostratula 260, 603
Rostrhamus 652
– sociabilis plumbeus 225
Rothalsgänse 215
rothschildi, Eos 292
–, Gygis 280
–, Leucopsar 454
–, Phaethon 200
–, Psammornis 181, 184
Rothuhn 702
Rotmilan 709
rovuma, Francolinus 683
rubea, Eremophila 675
rubecula, Erithacus 401, 646, 671, 672, 673, 685, 688, 689
rubeculoides, Prunella 399
ruber, Eudocimus 211
–, Laterallus 252, 255, 354, 467 (zu S. 347)
–, Phoenicopterus 630, 682
ruberrimus, Carpodacus 688
rubescens, Gallicolumba 290, 355
–, Locustella 417
rubetra, Neoxolmis 427
–, Saxicola 459, 646
–, Xolmis 427
rubicola, Saxicola 646
rubicunda, Carpodacus 450
rubiginosa, Ortygocichla 680
rubiginosus, Piculus 349
–, Turdoides 306
rubinoides, Heliodoxa 337, 357
rubinus, Pyrocephalus 470, 693
rubra, Guara 211, 666, 699
rubricapillus, Melanerpes 351
rubricauda, Phaethon 200, 461
rubriceps, Malimbus 311
rubripes, Anas 215
rubrirostris, Anser 214
–, Bolborhynchus 296
–, Psilopsiagon 296
rubritorques, Trichoglossus 291
rubro-genys, Ara 295, 355
ruckeri, Threnetes 333
ruddi, Heteromirafra 381
Ruderfüßler 713
rudis, Ceryle 341
rüppelli, Eurocephalus 688
rüppellii, Eupodotis 659
rufa, Alectoris 246, 687, 691
–, Anhinga 634
–, Dendrocitta 673
–, Ninox 321, 324, 356
rufalbus, Thryothorus 313, 396, 694
rufaxilla, Ampelion 375, 377
–, Heliochera 375, 377, 428
–, Leptotila 290
rufescens, Acrocephalus 473
–, Calamocichla 417, 473
–, Calandrella 382, 677
–, Pelecanus 202
–, Rhynchotus 462, 653, 671
–, Sylvietta 310
ruficapilla, Sylvietta 414, 419
–, Vitia 680
ruficapillus, Agelaius 444 (statt fulvicapillus), 446
–, Charadrius 693
ruficauda, Galbula 345
–, Ramphotrigon 370, 373, 428
– (recte rufigula), Tangara 440
–, Upucerthia 362
ruficaudus, Ochetorhynchus 362, 426
ruficeps, Aimophila 437
–, Coua 302, 319, 356
–, Pyrrhocoma 666
ruficervix, Caprimulgus 676
ruficollis, Branta 215
–, Calidris 263
–, Caprimulgus 326
–, Erolia 263, 266
–, Falco 234, 239
–, Hypnelus 345, 358
–, Micrastur 235, 236
–, Montifringilla 452
–, Pernis 353

–, Poliocephalus 192
–, Tachybaptus 192
rufidorsum, Ceyx 342
rufifrons, Fulica 253
–, Phacellodomus 360, 364, 369
–, Rhipidura 425
rufigaster, Ducula 286
rufigena, Caprimulgus 326, 327, 329, 675
rufigula, Petrochelidon 383, 384
–, Tangara 441, (statt ruficauda) 440
rufigulare, Idioptilon 431
rufigularis, Falco 234, 236, 238
rufilata, Cisticola 413
rufilateralis, Rhipidura 422
rufina, Netta 213
rufinucha, Campylorhynchus 397, 445
rufinus, Buteo 220, 227
rufipectoralis, Ochthoeca 371, 427
rufipectus, Spilornis 353
rufipenne, Trichastoma 409, 410
rufipennis, Columbigallina 289
–, Columbina 289
–, Geositta 361
–, Myiotheretes 427
–, Nectarinia 457
–, Pitangus 372
–, Xolmis 427
rufitorques, Accipiter 658
rufiventris, Ardeola 208
–, Erythocnus (besser Erythrocnus) 208, 353
–, Monticola 699
–, Neoxolmis 370
–, Phoenicurus 671
–, Picumnus 358
–, Poicephalus 299, 355
–, Ramphocaenus 416
–, Turdus 659
rufivertex, Muscisaxicola 371
rufivirgatus, Arremonops 439
rufoaxillaris, Molothrus 444, 447
rofobrunneus, Serinus 448, 449, 457
rufofuscus, Buteo 223
rufolateralis, Smithornis 359
rufopicta, Lagonosticta 450
rufotibialis, Accipiter 227
rufula, Cecropis 471
rufulus, Anthus 387
rufus, Calidris 263
–, Campylopterus 334, 357
–, Caprimulgus 325, 328
–, Furnarius 359
–, Platypsaris 376, 379
–, Selasphorus 333
–, Tachyphonus 693
–, Trogon 339, 340
rukensis, Collocalia 330
rumicivorus, Thinocorus 269, 610
rupestris, Columba 287
Rupicola 665, 667
– rupicola 377, 378
rupicola, Rupicola 377, 378
rupicolaeformis, Falco 691
Rupornis 668
russatus, Chalcites 317
–, Chrysococcyx 317
rustica, Hirundo 384, 646, 687, 691
rusticola, Scolopax 262, 265, 696
rusticolus, Falco 234, 646, 670
rutenbergi, Butorides 207
rutila, Amazilia 336, 357
–, Chaetura 330, 331
–, Phytotoma 378
ruwenzori, Psalidoprocne 385
ruwenzorii, Caprimulgus 326, 329
Ruwenzorornis 301, 356
– johnstoni kivuensis 302
Rynchops 665
– nigra intermedia 280
rytirhynchos, Ortygonax 254

sabini, Xema 271
sabota, Mirafra 379, 380
Säuger 604
Säugetiere 593, 608, 650
Sagittarius 603, 679, 714
sagittata, Chthonicola 680
Sakesphorus melanonotus 365, 427
salangana, Collocalia 330
Salanganen 330
salicarius, Parus 432
salinasi, Laterallus 255
Saltator 652, 665, 666, 667, 668, 681
– albicollis isthmicus 440
– atriceps lacertosus 440
– maximus intermedius 436, 440
– – magnoides 436, 440
Saltatricola 668
saltuarius, Xiphorhynchus 361
salvadorii, Cryptospiza 450, 688
–, Nothura 463
salvini, Amazona 217
–, Eubucco 346
–, Eutoxeres 334
–, Lampornis 336
–, Neomorphus 318
–, Oryzoborus 439
–, Pachyptila 195, 198
–, Tumbezia 369, 371, 427
samueli, Calyptorhynchus 294
sanblasiana, Cissilopha 667, 674, 682, 683
sanborni, Nothoprocta 187
sancta, Halcyon 342, 669
Sandflughühner 642
sandvicensis, Sterna 461, 682
–, Thalasseus 272, 279, 467, 673

sandwichensis, Pterodroma 197
sanguinea, Cacatua 294
sanguiniceps, Haematortyx 243, 248, 354
sanguinolenta, Myzomela 434
sanguinolentus, Rallus 354
–, Ramphocelus 441
sannio, Garrulax 410, 411
santoensis, Halcyon 342, 343
Sapheopipo 358
– noguchii 348, 352
sapho, Sappho 338
Sappho 357
– sparganuro sapho 338
Sarcogyps 220
Sarcops 681
Sarcoramphus 603
sarda, Sylvia 646
Sarothrura 253, (bei Literatur Keith) 522
– affinis affinis 255, 256
– – antonii 255
– boehmi boehmi 255
– lineata 253, 255
sarudnyi, Caprimulgus 328
saturatus, Buteo 229
–, Cuculus 303, 304, 309, 315, 691
–, Falco 235
–, Passer 452
–, Phaethornis 334
–, Phodilus 321
saturninus, Mimus 445
saundersi, Larus 354
savana, Tyrannus 369, 371
sawtelli, Collocalia 331
saxatilis, Monticola 669
Saxicola 310, 605, 640, 681, 684, 689
– caprata 402
– ferrea ferrea 688
– – haringtoni 688
– rubetra 459, 646
– torquata 402
– – axillaris 690
– – indica 695
– – oreobates 405
– – robusta (= torquata) 690
– – rubicola 646
– – stonei 690
– – voeltzkowi 402, 406
Sayornis 369
– nigricans latirostris 369
– phoebe 371
scandens, Climacteris 680
scandiaca, Nyctea 323
Scaphidura oryzivora oryzivora 446
scapularis, Aegithina 304
–, Dryocopus 350
Scelorchilus 367
Scepomycter 411
schach, Lanius 304
schäferi, Falco 648
scheepmakeri, Goura 290
Scheidenschnäbel 604
Schellente 217, 703
Schiffornis 669, 715
Schildkröten 610, 612, 613, 617, 618, 621, 626, 630, 698
schinzii, Erolia 267
schistacea, Demigretta 209
–, Egretta 209
–, Leucopternis 353
schistaceus, Enicurus 691
schisticeps, Phoenicurus 652
Schizoeaca fuliginosa 427
Schlangen 621, 698
Schlangenadler 220
schlegeli, Eudyptes 190
–, Penthoceryx 304, 310, 315
schlegelii (errore schlegeli), Cercomela 405, 681
Schleiereulen 320, 637
Schnecken 696
Schneckenweih 225
Schneegans 213
Schneehühner 241, 658, 702
Schnepfen 604, 645, 649, 664, 684, 705, 713
Schnepfenartige 610
schoeniclus, Emberiza 435, 459, 600, 646, 647, 665, 673, 690
Schoenicola platyura alexinae 416
– – brevirostris 412, 417
schoenobaenus, Acrocephalus 435, 673
schomburgkii, Micropygia 252, 255
Schoutedenapus 356
schoutedeni, Apus 356
Schreiadler 332
Schreivögel 367
schuettii, Tauraco 301, 302, 356
Schuhschnabel 684, 713
schulzii, Cinclus 396
Schwäne 600, 640, 713
Schwalben 383, 651, 664, 684
Schwarzhalstaucher 192, 193
Schwarzrückenfasan 703
Schwarzstorch 642
scintillata, Chalcopsitta 292, 355
scirpaceus, Acrocephalus 307
Scissirostrum dubium 453, 454
sclateri, Asthenes 364, 426, 427
–, Chlidonias 271, 276
–, Eudyptes 190
–, Phyllomyias 428
–, Scotornis 327, 330
–, Thripophaga 426, 427
–, Xanthomyias 428
sclaterii, Goura 290
Sclerurus mexicanus mexicanus 364, 427
scirpaceus, Acrocephalus 307
scolopacea, Eudynamys 302, 313, 317, 682

scolopaceus, Limnodromus 262, 265
Scolopacidae 268, 603, 608
Scolopaciden 259, 603, 663
Scolopax 647, 671, 696
- rusticola 696
- - mira 262, 265
Scopidae 679
scopifrons, Prionops 392, 393, 429
scops, Otus 321
scopulinus, Larus 274
Scopus umbretta 692
scoticus, Lagopus 242
Scotocerca inquieta platyura 414, 418
Scotopelia peli 323
Scotornis climacurus leoninus 329
- - sclateri 327, 330
- fossii 691
- - clarus 329
Scotothorus 715
scriptoricauda, Campethera 350
scriptus, Elanus 665
scutata, Synallaxis 363
scutatus, Poecilurus 363
scutulata, Ninox 324
Scytalopus 367
- femoralis 427
- magellanicus superciliaris 367
- speluncae 367, 427
Scythrops 703
- novaehollandiae 302
seba, Pterodroma 198
sechellarum, Copsychus 401, 404
Seeadler 220, 689, 715
Seeschildkröten 698
Seeschwalben 629, 642
Seetaucher 604, 607, 714
Seevögel 604
Segler 468, 607, 608, 640, 651
seheriae, Aethopyga 312, 433
Seicercus laurae 430
- xanthoschistos 312
Seidensänger 411
Seidenschwanz 642
Seisura 421
seistanicus, Porphyrio 256
Sekretär 607, 714, 715
Selasphorus flammula 338, 357
- rufus 333
- simoni 357
Semeiophorus vexillarius 327, 330
semifasciata, Tityra 376, 378, 677
semiflava, Geothlypis 442
semipalmatus, Charadrius 610
-, Limnodromus 265
semirufa, Cecropis 384
-, Thamnolaea 402, 406, 429
semirufus, Myiarchus 368, 372, 427, 470
semitorquata, Lurocalis 327
semitorquatus, Micrastur 233, 235, 236, 353
-, Polihierax 235, 236
semitorques, Spizixos 680
Semnornis frantzii 346, 358
senator, Lanius 673, 701
senegala, Tchagra 392, 393
senegalensis, Acrocephalus 473
-, Burhinus 267
-, Calamocichla 473
-, Centropus 303
-, Halcyon 342
-, Nectarinia 688
-, Streptopelia 289
- (recte senegala), Tchagra 692
-, Zosterops 434
senegalus, Poicephalus 299, 355
senilis, Pionus 297, 355
sennetti, Icterus 689
sephaena, Francolinus 603, 649, 687
Sephanoides fernandensis 357
- - fernandensis 337
sepiaria, Malacocincla 304
sepiarium, Trichastoma 313, 665
sepium, Orthotomus 304
septentrionalis, Anas 216
-, Cathartes 219
-, Colymbus (= Gavia) 638, 639
-, Macropygia 288
-, Phasianus 248
sepulcralis, Cacomantis 303
serena, Pipra 375, 428
serico-caudatus, Caprimulgus 676
Sericornis 605
- nigroviridis 430
Sericulus 603, 663, 665, 704
Serinus ankoberensis 448, 449, 457
- atrogularis lwenarum 448
- burtoni albifrons 448, 449, 457
- canaria 701
- canicollis thompsonae 448
- leucopterus 457
- rufobrunneus rufobrunneus 449
- - thomensis 448, 457
- striolatus 671
- thibetanus 447, 448, 449
Serpophaga 428
- griseiceps 428, 431
- munda 373
- subcristata munda 428
serranus, Turdus 400, 408
serrator, Mergus 218
-, Morus 200, 201
-, Sula 201
serratus, Clamator 303, 305, 306, 314, 468, 687
serus, Spizaetus 230
setosus, Caprimulgus 328, 686, 687
severus, Falco 238, 239
sewerzowi, Tetraogallus 246

sharpei, Chaetura 332
–, Garrulax 660
–, Smithornis 359
–, Treron 286
–, Turdoides 411
suffleri, Harpyhaliaetus 229
Sheppardia cyornithopsis aequatorialis 401, 404, 429
Sialia 671
– sialis sialis 405
sialis, Sialis 405
Sibia picaoides 673
sibilatrix, Phacellodomus 444
–, Syrigma 209
sibirica, Geokichla 688
sibiricus, Aegolius 324
–, Tetrastes 242
Sicalis 436
– lutea 438
– olivascens lebruni 435, 436
– – olivascens 436, 438
– uropygialis 438
Sichler 646, 699, 714
sicki, Terenura 427
sidamoensis, Mirafra 429
Sigelus 205, 420
Sigmodus retzii 392
– – retzii 314
Silberfasan 702, 703
Silbermöwen 273, 612, 674
similis, Anthus 287
–, Dryocopus 351
simoni, Selasphorus 357
simplex, Calamonastes 412
–, Camaroptera 414, 419
–, Chlorocichla 665, 693
–, Crypturellus 185
–, Piculus 350, 358
simus, Cacomantis 680
sinaloa, Thryothorus 396, 694
sincipitalis, Phacellodomus 360, 364
sindianus, Turdoides 305
sinensis, Anthus 386
–, Centropus 302, 319, 669
–, Chrysomma 689
–, Ixobrychus 210
Singdrossel 673, 674, 701, 715
Singschwan 594
Singvögel 446, 453
sinica, Chloris 688
siparaja, Aethopyga 310, 312, 316, 348, 433, 434
Siphia strophiata 676
Sirystes 368
Sitagra 696
Sitta 608, 646
– europaea 646
– krüperi 646, 647
– ledanti 457
– neumayer 646
Sittidae 681
sjöstedti, Columba 287
skua, Catharacta 204, 269, 270
–, Stercorarius 189, 270
smaragdinea, Augasma 357
Smaragdites theresiae theresiae 335
smithi, Timalia 410
–, Turdus 407
smithii, Hirundo 383
–, Lanius 395
Smithornis capensis 310, 315
– – albigularis 315, 359
– – capensis 359
– rufolateralis budongensis 359
– sharpei eurylaemus 359
Snethlagea minor 428
sociabilis, Rostrhamus 225
socialis, Burnesia 695
–, Prinia 691
–, Spizella 694
soconuscensis, Crypturellus 186
solitaria, Capella 265
solitarius, Buteo 228, 353
–, Cuculus 306, 315, 691
–, Harpyhaliaetus 229
–, Monticola 669, 699
–, Vireo 444
solomonensis, Butorides 208
somalica, Mirafra 378, 380, 429
somaliensis, Galerida 382
–, Pycnonotus 391
Somateria 636, 679, 691
– mollissima 463, 689
– – mollissima 212
– spectabilis 609
songarus, Parus 432
sonneratii, Cacomantis (recte Penthoceryx) 313, 317
–, Penthoceryx 303, 304, 310, 313, 315, 316
sordida, Pitta 666
sordidulus (statt z. T. fumigatus), Contopus 428
sordidus, Cynanthus 335
–, Pionus 297, 355
soror, Lalage 389
soui, Crypturellus 185, 653
souleyetii, Lepidocolaptes 361, 705
souzae, Lanius 393
sparganura, Sappho 338
sparsimstriata, Locustella 417
sparverioides, Cuculus 303, 307, 309, 672, 691, 694, 696
sparverius, Falco 235, 240, 466
Spatula clypeata 213
spatulata, Coracias 344
spatzi, Struthio 609
Spechtartige 651
Spechte 347, 349, 628, 637, 638, 640, 645, 646, 647,

649, 650, 669, 676, 677, 682, 684
Spechtmeisen 715
speciosa, Terpsiphone 423, 425
spectabilis, Alauda 370, 374
–, Elaenia 370, 374
–, Somateria 609
specularioides, Anas 216
speculigerus, Lanius 394
Speculipastor bicolor 305
Speirops leucocephalus 311
Spelaeornis badeigularis 430
speluncae, Scytalopus 367, 427
Speotyto 605
– cunicularia 692
– – troglodytes 324
Sperber 226, 664, 670, 684
Sperlinge 670, 702
Sperlingsfalk 240, 604
Sperlingsvögel 349, 459
Spermophaga haematina pustulata 450
Sphecotheres 681
– vieilloti vieilloti 313
Spheniscidae 332, 600, 634, 670, 696, 710
Sphenisciformes 187, 463
Spheniscus 599, 633, 638, 642, 684
– demersus 187, 191, 464
– magellanicus 191
– mendiculus 191, 353
Sphenocichla 664
Sphenoeacus afer 413
– – afer 417
– – natalensis 413, 417
– africanus 668
Sphenostoma cristatum 715
Sphenurus korthalsi 285
spicifer, Pavo 249
spilodera, Petrochelidon 470, 471
–, Rhipidua 422
spilogaster, Picumnus 358
Spiloma 658
spilonotus, Circus 224, 232
–, Laterallus 255
spiloptera, Laterallus 254
–, Porzana 354
Spiloptila clamans 412
Spilornis 220, 652
– cheela 233, 353
– – albidus 233
– – bassus 333
– – malayensis 233
– – melanotis 233
– – pallidus 233
– holospilus 253
– minimus 353
– rufipectus 353
spinicauda, Anas 217, 218
spinoides, Carduelis 449
spinoletta, Anthus 386, 387, 388, 646, 673
spinosa, Jacana 258
spixi, Synallaxis 468
spixii, Ara 295, 355
Spizaetus, 220, 221, 222, 668
– alboniger 223, 230, 353
– bartelsi 353
– cirrhatus limnaetus 230, 231
– nanus 223
– – nanus 230, 353
– nipalensis 230
– – bartelsi 230
– ornatus 222, 230, 353
– tyrannus 223, 353
– – serus 230
Spizastur 222
– melanoleucus 230
Spizella 681, 684
– atrogularis 686
– pusilla 694
– socialis 694
Spiziapteryx 233, 354
– circumcinctus 236
Spizitornis 373, 428
Spizixos semitorques 680
splendens, Corvus 304, 673
Sporenkuckuck 649
Sporophila 660
– collaris melanocephala 438
– lineola bouvronides 438
– minuta centralis 438
– – minuta 439
– nigricollis nigricollis 436
– obscura obscura 438
– telasco 436, 439
Sporopipes 702
– squamifrons 665
Spottdrossel 445, 672
Spreo 681
– albicapillus 305
squamaecrista, Lophotriccus 680
squamatus, Francolinus 683
–, Mergus 218, 353
squamifrons, Sporopipes 665
Stachyris poliocephala 430
Stactolaema anchietae rex 346
Stärlinge 461, 664
stagnatilis, Tringa 647
Stare 305, 453, 606, 649, 659, 685
Starenartige 683
Steatornis 599, 603, 640, 658, 669, 679, 684, 714
steerii, Pitta 427
Steganopoden 713
stegmanni, Acrocephalus 473
–, Calandrella 382
–, Charadrius 260, 262
–, Phragamaticola 473
Steinadler 230, 231
steinbachi, Asthenes 362, 427

–, Thripophaga 427
Steinhuhn 702
Steißfüße 617, 648, 658
Steißhühner 645, 651, 660
stejnegeri, Melanitta 217
–, Viridonia 443
stellaris, Cistothorus 660, 675, 683, 695
stellata, Ceryle 341
–, Gavia 639
–, Pogonocichla 400, 403
stellatus, Odontophorus 242, 246
Stelzenläufer 607
Stelzenrallen 250
Stephanoaetus coronatus 223, 230
Stephanophorus diadematus 448
Steppenpieper 387
Stercorarius 270
– longicaudus 673
– skua 189
– – antarcticus 270
Sterna 275, 671, 690
– albifrons guineae 279
– – praetermissa 675
– – pusilla 279
– – subsp. 279
– anaethetus 603
– bernsteini 354
– dougallii 673
– – dougallii 278
– forsteri 278
– fuscata 603
– – luctuosa 279
– hirundo 270, 271, 671, 672, 673, 675, 691, 705
– – hirundo 276
– – minussensis 276
– lorata 271, 279
– maxima 461
– paradisaea 271, 272, 276, 672, 673, 676, 689, 705
– sandvicensis 461, 682
– striata striata 278
– sumatrana 675
– virgata 277, 278
– vittata bethunei 278
– – gaini 277, 278
– – georgiae 278
– – tristanensis 278
– – vittata 277
Sterninae 646
stertens, Tyto 320, 321
stevensi, Acrocephalus 688
–, Prinia 688
stewarti, Surniculus 313
s. thomae, Treron 285, 354
stictifrons, Ploceus 452
stictithorax, Indicator 347
stictonotus, Scops 321
Stieglitz 701
stierlingi, Calamonastes 412, 419
Stiphrornis erythrothorax 401
– – gabonensis 401, 404
Störche 607, 642, 682, 683, 684, 704, 713, 714
stolidus, Anous 272, 280
stolzmanni, Aimophila 435, 437
stonei, Saxicola 690
Strandläufer 604, 607, 684
Strandläuferartige 676
Straßentaube 287
Strauß, Strauße 10, 179, 180, 183, 184, 461, 593, 594, 598, 600, 604, 607, 608, 617, 618, 622, 623, 625, 628, 630, 631, 633, 636, 637, 645, 647, 648, 649, 676, 697, 698, 706, 707
Straußartige, Straußvögel 647, 651, 703
strenua, Ninox 321, 324
Strepera 682
strepera, Anas 213, 638
streperus, Chaulelasmus 213
Streptopelia 326
– capicola tropica 289
– decaocta decaocta 288
– decipiens ambigua 288
– hypopyrrha 289
– lugens 289, 355
– – hypopyrrha 289
– senegalensis aequatorialis 289
– turtur 606, 646
– – arenicola 288
Streptoprocne zonaris albicincta 331
– – mexicana 331
– – zonaris 331
stresemanni, Ampelion 376, 377
–, Cacomantis 433, 434
–, Zaratornis 376, 377, 428
striata, Coracina 429
–, Lonchura 451
–, Muscicapa 673
–, Sterna 278
striaticeps, Dysithamnus 365, 366, 427
– (recte striaticollis), Phacellodomus 360, 364
striaticollis, Phacellodomus 360, 364
striatus, Accipiter 226
–, Amytornis 415
–, Butorides 207, 208, 353, 464
–, Colius 338, 339
–, Melanerpes 351, 358
–, Rallus 254
–, Turdoides 304, 305
stricklandi, Picoides 352, 358
strigiceps, Aimophila 437
Strigidae 321, 600, 638, 679, 703, 710
Strigiformes 320, 468
strigirostris, Didunculus 285
Strigops 291, 648
striolata, Hirundo 691
striolatus, Serinus 671
Strix aluco 321, 628

– – aluco 324
– nebulosa lapponica 321
– uralensis 321, 647, 696
– – liturata 321, 324
– – macroura 324
Stromeria fajumensis 183
strophiata, Ficedula 676
–, Siphia 676
Struthidea 664, 680, 692
Struthio 10, 180, 181, 184, 594, 603, 627, 630, 636, 637, 638, 640, 641, 647, 649, 662, 664, 669, 684, 698, 709
– anderssoni 180
– brachydactyla 180
– camelus 180, 181, 622, 626, 630, 706
– – australis 180, 461, 700
– – camelus 180, 181, 183, 687, 700, 706
– – massaicus 706
– – molybdophanes 603, 647, 670, 706
– – spatzi 609
– – syriacus 640, 687
– chersonensis 179, 180, 181, 709
– oshanai 181
– pannonicus 180, 181
– spec. 179, 180, 181
– transcaucasius 179
– wimani 179
Struthionidae 183, 679, 709
Struthioniformes 179, 461
st. thomae, Ploceus 311
Sturmschwalben 198, 651
Sturmvögel 617, 640, 649, 651, 713
Sturnella magna 693, 696
– – inexpectata 705
– militaris obscura 444
Sturnidae 453, 660, 679, 681
sturninus, Sturnus 454
Sturnus 606, 651, 669, 671, 696
– philippensis 453
– sturninus 454
– unicolor 647
– vulgaris 647, 671
– – vulgaris 453, 454
suahelicus, Poicephalus 299
subalaris, Puffinus 196
subaureus, Ploceus 311
subbuteo, Falco 234, 646, 662, 684
subcristata, Serpophaga 428
subflava, Amandava 450
–, Prinia 304, 311, 676, 692
subgularis, Leucotreron 286, 354
Sublegatus modestus brevirostris 374
– obscurior 428
subminuta, Erolia 263, 266
subniger, Falco 234
subruficapilla, Cisticola 414, 418
subsquamicollis, Lonchura 451
subtelephonus, Cuculus 306, 309
subtilis, Picumnus 358
subvinacea, Columba 287
Südseegrasmücken 411, 412
Suiriri 370
– affinis affinis 374
– suiriri 374
– – affinis 374
suiriri, Suiriri 374
sukensis, Pterocles 285
Sula 599, 600, 603, 629, 634, 642, 647, 651, 671, 683, 684
– abbotti 200, 201
– bassana 201
– capensis 201, 609, 634
– dactylatra californica 202
– – granti 200, 201, 202
– – personata 202
– leucogaster brewsteri 202
– – etesiaca 202
– – leucogaster 202
– – plotus 200
– nebouxii 200, 201
– – excisa 201
– serrator rex 201
– sula 200
– – websteri 200
– variegata 200, 201, 202
sula, Sula 200
sulaensis, Alisterus 292, 300
sulcirostris, Phalacrocorax 203
Sulidae 200, 679, 703
sulphuratus, Pitangus 372, 666, 693
sulphurescens, Tolmomyias 369
sulphurifera, Cranioleuca 363
sumatrana, Ardea 605
–, Sterna 675
sumatranus, Corydon 693
–, Rhopodytes 318
sumichrasti, Hylorchilus 396, 397, 429
sundevalli, Butorides 353
–, Euplectes 453
superba, Menura 460
superbus, Erithacus 688
superciliaris, Burhinus 267
–, Buteo 229
–, Leptopogon 374
–, Melanerpes 358
–, Ninox 324
–, Penelope 467
–, Petronia 347
–, Polioptila 416
–, Scytalopus 367
superciliosa, Eumomota 343
–, Vermivora 442
superciliosus, Anomalophrys 261, 354
–, Dasylophus 313, 318, 356
–, Merops 669
– (recte superciliaris), Petronia 347

–, Phaethornis 333, 334
–, Pomatostomus 409, 410
superior, Parabuteo 229
surinama, Aratinga 295
Surnia 669
Surniculus 313
– lugubris 304, 310, 696
– – discuroides 313, 317
– – lugubris 303, 317
– – stewarti 313
suscitator, Turnix 250
Suthora 660
– webbiana 679
sutorius, Orthotomus 312
sutorius, Paradoxornis 679
svecica, Luscinia 403, 404, 665, 693
swainsoni, Buteo 220
–, Onychorhynchus 680, 684
swainsonii, Gampsonyx 224, 353
swinhoii, Hierophasis 699
swynnertoni, Turdus 407.
Sylvia 411, 685, 689, 694
– althaea 413
– affinis 413
– atricapilla 459, 646, 671, 673, 674, 689, 692, 694
– – heineken 688
– borin 646, 673, 674, 675, 695
– cantillans 646, 673
– communis 646, 673, 674, 689
– conspicillata 646
– curruca 646, 671, 673, 688
– – halimodendri 413, 418
– hortensis 646
– – crassirostris 688
– – hortensis 688
– melanocephala 646, 671, 673, 692
– nisoria 646, 668, 671, 688
– – nisoria 418
– sarda 646
– ticehursti 431
– undata 646, 673
Sylvien 642, 666, 684, 685
Sylvietta 411
– rufescens 310
– ruficapilla chubbi 414, 419
Sylviidae 411, 412, 420, 473, 651, 652, 679, 680, 681, 682, 715
Sylviide 421
Synallaxis 360, 640, 704, 715
– albilora 427
– frontalis fuscipennis 363
– gujanensis 313
– macconnelli 427
– maranonica 427
– phryganophila 468
– scutata 363
– spec. 304
– spixi 468
syndactyla, Bleda 376
Synoicus 242
Synthliboramphus 603
– antiquus 281, 284
Sypheotides indica 609
syriacus, Dendrocopos 351
–, Struthio 640, 687
Syrigma 669, 670, 681
– sibilatrix 209
syringanuchalis, Chalcopsitta 292
syrmatophorus, Phaethon 356
Syrrhaptes 676

tabuensis, Aplonis 658
–, Porzana 252, 255, 263
–, Prosopeia 300
Taccocua 676
Tachybaptus ruficollis vulcanorum 192
Tachycineta albilinea albilinea 383
– bicolor 383
Tachyeres brachypterus 466
– – leucocephalus 465
– patachonicus 465, 466
– pteneres 465, 466
Tachyphonus 660
– coronatus 674
– melanoleucus 665
– rufus 693
tacsanowskius, Brachypterus 416
taczanowskii, Cinclodes 362
taeniata, Pygoscelis 188
Taeniotriccus 428
taha, Euplectes 664
tahitica, Hirundo 384
taivana, Motacilla 385, 386
taiwanus, Rallus 254
Takahe 253
talacoma, Prionops 693
Talegalla 240
– cuvieri 240
– fuscirostris 240
– jobiensis jobiensis 240
talpacoti, Columbigallina 289
–, Columbina 289
tamalakanei, Turdoides 411
Tanagra 710
tane, Euryapteryx 183
tanganjicae, Turdoides 411
–, Zoothera 429
Tangara 440
Tangara mexicana vieilloti 440
– rufigula 440 (statt ruficauda), 441
Tangaren 685
Tangavius aeneus 686
Tannenhäher 642
Tanygnathus lucionensis lucionensis 299, 356
– melanorhynchos melanorhynchos 300, 356

- mulleri mulleri 299
Tanysiptera 343
- galatea doris 343
- (statt Tanygnathus) riedeli 358
Taoniscus 185
Tapera 640
- naevia 303, 313
- - chochi 468
- - excellens 313, 317
- - naevia 313
taprobanus, Turdoides 304, 305
Taraba 605, 665
- major melanurus 469
tarbagataica, Emberiza 436
tarda, Otis 647
tardus, Xiphorhynchus 360
Tarsiger indicus 672
tataupa, Crypturellus 671
Tauben 285, 604, 605, 628, 637, 642, 646, 650, 651, 672, 676, 684
Tauchenten 213
Taucher 633, 713
Tauchervögel 593
Tauraco 654
- hartlaubi 301
- leucolophus 301, 302, 356
- - leucolophus 302
- phoebus 301
- schüttii emini 301, 302, 356
Tchagra 306, 665, 666, 687
- australis australis 393
- cruenta cathemagmena 393
- senegala 392
- - confusa 393
- - erlangeri 692
- - kalahari 392, 393
- tchagra tchagra 393
tchagra, Tchagra 393
Teichhuhn 642
telasco, Sporophila 436, 439
Teleonema 375
telephonus, Cuculus 309
Telophorus 681
- dohertyi 429
temminckii, Cursorius 268, 665
-, Eurostopodus 325, 327
Temnotrogon 339, 357
- roseigaster 340
temporalis, Ploceus 311, 451, 452
tenebricosa, Tyto 320
tenebrosus, Ammodramus 437
-, Phasianus 243
tenella, Eutettix 219
-, Neomixis 409, 410
tenellus, Circulifer 219
-, Trogon 339, 340
tenuirostris, Anous 272, 280
-, Cacatua 294
-, Calidris 263, 265
-, Coracina 604
-, Geositta 361, 426
-, Gyps 231
-, Puffinus 198
-, Rallus 253
tephrolaemus, Pycnonotus 389, 391
Terathopius 220
Terekia 610
Terenura sicki 427
ternominatus, Charadrius 261
Terpsiphone 421, 431
- atrochalybeia 311, 423, 425, 430
- cyanescens 431
- mutata mutata 425
- - pretiosa 425
- paradisi 423
- - incei 423, 425
- - paradisi 423
- viridis 305
- - kivuensis 423, 425
- - speciosa 423, 425
- - ungugaensis 423
terrestris, Cisticola 473
-, Phyllastrephus 389, 391
-, Trugon 290, 355
territori, Phalacrocorax 203
Tersina 684, 714, 715
Tersininae 660, 679
tertius, Nesoclopeus 254
-, Rallus 254
Tesia castaneocoronata 680
Testudo 618
- graeca 612
tethys, Oceanodroma 199
Tetrao 595, 599, 633, 638, 646, 659, 684, 696, 709
- urogallus 594, 673
Tetraogallus 662, 684, 703
- himalayensis sewerzowi 246
- tibetanus 629, 672
Tetraonidae 680, 681, 714
Tetraoniden 638, 658
Tetraophasis 648
Tetrastes 690, 702
- bonasia sibiricus 242
Tetrax tetrax 647, 692
tetrax, Tetrax 647, 692
tetrix, Lyrurus 242, 691, 699
texanus, Buteo 228
textilis, Amytornis 415
teydea, Fringilla 604
thagus, Pelecanus 203
Thalasseus 715
- bengalensis torresii 279
- bergii gwendolenae 279
- bernsteini 354
- elegans 272, 280
- eurygnathus 272, 279

- maximus 665
- - albidorsalis 279
- sandvicensis 272, 673
- - eurygnathus 279, 467
- zimmermanni 354
thalassinus, Colibri 334
Thalurania furcata jelskii 335
Thamnolaea coronata coronata 402, 406, 429
- semirufa 402, 406, 429
Thamnomanes caesia hoffmannsi 469
thamnophiloides, Picumnus 349
Thamnophilus 469, 666, 667, 704
- caerulescens dinellii 366
- nigrocinereus 469
- - kulszynskii 469
- punctatus atrinucha 366
theklae, Galerida 675
theresiae, Smaragdites 335
Theristicus branickii 353
- melanopis branickii 353
therminalis, Geomyda 612, 617
thermophila, Piaya 318
thibetanus, Serinus 447, 448, 449
thilius, Agelaius 693
Thinocoridae 250, 681
Thinocorus 268, 269, 640
- rumicivorus 610
- - bolivianus 269
- - cuneicauda 269
Thinornis 665
thomensis, Chaetura 331, 356
-, Serinus 448
thompsonae, Serinus 448
thompsoni, Francolinus 687
-, Otus 322
thoracica, Apalis 418
thoracicus, Charadrius 260, 261, 354
-, Thryothorus 396, 397
thornei, Francolinus 247
Thraupidae 440, 651, 680, 681, 695, 715
Thraupiden 664
Threnetes grzimeki 356
- leucurus medianus 333
- niger 356
- ruckeri ventosus 333
Threskiornis 649, 699
- aethiopica aethiopica 212
Threskiornithidae 660, 679, 680, 681, 694, 695, 716
Thripias 358
- namaquus namaquus 352
Thripophaga 360
-, cactorum 427
-, dorbignyi 360, 363
- punensis 426
- sclateri 426, 427
- - lilloi 426
- - punensis 426
- steinbachi 427
- wyatti 426
- - graninicola 426
Thryothorus 396
- leucotis 396, 471
- - peruanus 396, 397, 472
- maculipectus 396
- - umbrinus 397
- modestus 397, 445
- - elutus 397
- - zeledoni 397
- nigricapillus costaricensis 396, 397
- pleurostictus 396, 694
- - oaxacae 397
- rufalbus 313, 396, 694
- sinaloa 396, 694
- thoracicus thoracicus 396, 397, 429
thula, Egretta 209, 461
-, Leucophoyx 209
thunbergi, Motacilla 471
thyphoeca, Porzana 255
tianschanicus, Parus 433
-, Troglodytes 397
tibetana, Calandrella 675
tibetanus, Bubo 323
-, Tetraogallus 629, 672
tibialis, Domicella 293, 355
-, Lorius 355
-, Pselliophorus 440
ticehursti, Sylvia 431
Tigriornis 206
- leucolophus 206, 210, 353
Tigrisoma 206, 670, 680, 694
- lineatum lineatum 210
- - marmoratum 210
- mexicanum 353
Tigrisomatinae 206
Tijuca condita 428
Timalia pileata 673
- - smithi 410
Timalien 604, 676
Timaliidae 409, 651, 660/1, 679, 680, 681, 682, 685, 715
Timaliiden 306
timneh, Psittacus 609
Tinamidae 185, 640, 660, 667, 676, 679, 680, 683, 695, 703, 710
Tinamiden 599, 621, 628, 629, 636, 637, 638, 639, 648, 653, 679
Tinamiformes 185, 462
Tinamotis 638, 653, 657, 659
- pentlandi 680
Tinamus 638, 639, 640, 641, 647, 679, 684, 696, 713
- major fuscipennis 185
- osgoodi hershkovitzi 462
tincta, Camaroptera 414, 419
tinnunculus, Falco 234, 235, 240, 648, 662, 666, 689, 691
tiphia, Aegithina 304, 310, 392, 665, 689, 691

titan, Aepyornis 184
titicacae, Geositta 361
Tityra 368, 375
– semifasciata costaricensis 677
– – griseiceps 376, 378
tobagensis, Leptotila 290
Tockus deckeni 345, 358
– erythrorhynchus 682
– hemprichi exsul 345, 358
– jacksoni 345
Todidae 599, 629, 679
Todirostrum 370, 373
– albifacies 428
– capitale 428
– cinereum 660
– – infinitum 370
– nigriceps 370, 373
– plumbeiceps 313, 428
– poliocephalum 660
– viridanum 428
Todopsis 412
– cyanocephala cyanocephala 415
– – dohertyi 419
– wallacii 415, 419
Todus 669
– angustirostris 345, 358
Tölpel 629, 669
Töpfervögel 234
toklao, Megalurus 413, 417
Tolmarchus 369, 372
Tolmomyias sulphurescens 369
tomlini, Otus 322
tongaensis, Lalage 388
torda, Alca 282, 673, 693
Tordalken 282
Torgos 223
– tracheliotus 220
tormenti, Microeca 422
torotoro, Halcyon 342
torquata, Ceryle 341, 603
–, Chauna 212
–, Coeligena 337
–, Saxicola 402, 405, 406, 646, 690, 695
torquatus, Phasianus 243, 626
–, Pteroglossus 348, 358
torqueola, Arborophila 248
torquilla, Jynx 348, 689
torresii, Thalasseus 279
totanus, Tringa 264, 668, 673, 693
toulou, Centropus 319
toulsoni, Apus 356
Toxostoma 664, 681
– arenicola 686
– crissale 686
– ocellatum 398, 399
tracheliotus, Torgos 220
Trachyphonus purpuratus purpuratus 347
Tragopan 633, 636
transcaucasius, Struthio 179
transvaalensis, Mirafra 380
–, Poicephalus 299
Trappen 604, 664, 704
traversi, Phalacrocorax 205
Traversia lyalli 368
treganzai, Ardea 207
Tregellasia 421
Treron australis 286
– calva nudirostris 285
– – sharpei 286
– s. thomae 285, 354
– vernans zalepta 285
Tribonyx mortierii 660
– ventralis 659, 660, 681, 693
– – ventralis 256
Trichastoma abbotti amabilis 304
– albipectus barakae 409, 410, 430
– bicolor 410
– cleaveri 409, 430
– – albipectus 430
– rufipenne rufipenne 409, 410
– sepiarium 313, 665
Trichocichla 411
Trichoglossus 291, 293
– chlorolepidotes chlorolepidotes 291
– euteles 292, 355
– haematodus flavicans 292
– – haematodus 292
– – moluccanus 291
– – nigrogularis 292
– rubritorques 211, 605
– ornatus 292, 355
Trichopicus cactorum 351
Triclaria malachitacea 298, 355
tricollaris, Charadrius 260, 261, 663, 664, 665, 693
tricolor, Alectrurus 369, 371, 427
–, Egretta 461
–, Perissocephalus 377, 378, 429
–, Poecilotriccus 428
–, Pycnonotus 690
–, Rallina 252, 254
tridactyla, Rissa 204, 271, 275, 690
tridactylus, Picoides 352
Triele 604
trifasciatus, Nesomimus 399
Trigonoceps 223
Tringa 647
– brevipes 265
– erythropus 610, 663
– glareola 673
– hypoleucos 673
– nebularia 262, 673
– ochropus 663, 673
– stagnatilis 647
– totanus 693
– – britannica 264
– – totanus 264, 668, 673

trinitatis, Oreopeleia 290
–, Pulsatrix 323
trinotatus, Accipiter 353
tristanensis, Sterna 278
tristigma, Caprimulgus 326, 329
tristigmata, Gallicolumba 290
tristis, Rhopodytes 303
tristrami, Oceanodroma 199
trivialis, Anthus 385, 387, 664, 667, 672, 673, 674, 688, 689, 694, 695
trivirgatus, Accipiter 225
–, Phylloscopus 304
trizonatus, Buteo 228
trocaz, Columba 603
Trochalopteron 652
Trochilidae 10, 330, 333, 679, 716
Trochiliden 10
trochilirostris, Campylorhamphus 361
Trochilus 600, 641, 684
trochilus, Phylloscopus 408, 692
Trochocercus 421
Troglodytes 605, 647, 681, 683, 689, 699
– aedon audax 396, 398
– – brunneicollis 398
– – musculus 674, 693
– troglodytes 369, 609
– – hebridensis 678
– – indigenus 397
– – occidentalis 397, 398
– – tianschanicus 397
– – troglodytes 307, 397, 398
troglodytes, Cisticola 414, 418, 430
–, Collocalia 330, 331, 356
–, Speotyto 324
–, Troglodytes 307, 397, 398, 609, 678
Troglodytidae 396, 411, 471, 651, 679, 680, 694
Troglodytide 399
Trogon 340, 684, 696, 704
– aurantiiventris 340, 357
– collaris heothinus 340
– comptus 357
– massena 339
– – hoffmanni 340
– – massena 340
– mexicanus mexicanus 340
– rufus tenellus 339, 340
– violaceus braccatus 340
– – concinnus 340
– viridis bairdii 340
Trogonidae 650, 679, 680, 703
Trogoniden 685
Trogoniformes 339
tropica, Streptopelia 289
tropicalis, Accipiter 227
Tropicoperdix 243
– chloropus 243
– – olivaceus 248
Tropikvögel 704
Trottellummen 283
Trugon terrestris leucopareia 290, 355
Truthühner 249, 702
tschuktschorum, Erolia 266, 267
tuberculifer, Myiarchus 372
tucanus, Ramphastos 348, 358
tucumana, Amazona 217
tumbezana, Phaeomyias 370
Tumbezia salvini 369, 371, 427
tundrae, Charadrius 261
tundrius, Falco 238
turanicus, Lanius 394
turcestanicus, Phasianus 248
Turdidae 306, 400, 472, 646, 651, 679, 680, 681, 682, 685, 692, 703, 710
Turdiden 310, 676
Turdinulus 312
Turdinus 603
Turdoides 676, 685, 696
– affinis taprobanus 304, 305
– bicolor 628
– fulvus buchanani 678
– – fulvus 678
– hindei 410
– hypoleucus 410
– jardinei 309
– – jardinei 305
– – tamalakanei 411
– – tanganjicae 411
– leucopygius hartlaubi 306
– melanops sharpei 411
– plebejus 306, 652, 653, 660, 680, 688, 694
– – plebejus 314, 410, 652, 688, 691, 694
– rubiginosus 306
– striatus sindianus 305
– – striatus 304, 305
Turdus 400, 604, 605, 640, 641, 647, 660, 678, 681, 689, 710
– albicollis cnephosus 409
– – lygrus 409
– aureus 673
– bewsheri bewsheri 403, 407, 430
– dauma 673
– fulviventris 409
– fumigatus hauxwelli 430
– helleri 403, 408, 430
– iliacus 408
– infuscatus 400, 408
– libonyanus 309
– litsitsirupa 659
– menachensis 408
– merula 403, 472 (Amsel bei Bd. III, S. 452), 660, 671, 673, 688, 701
– – mandarinus 683
– – merula 408
– migratorius 366, 400, 408, 462, 684
– – migratorius 409
– – phillipsi 400, 409

– nigrescens 400, 408
– olivaceofuscus olivaceofuscus 403, 407, 430
– olivaceus smithi 407
– – swynnertoni 407
– olivater 409
– philomelos 403, 652, 668, 671, 673, 684, 701, 715
– – ericetorum 689
– – hebridensis 678
– – philomelos 403, 408
– pilaris 403, 408, 459, 472, 646, 647, 652, 673
– plumbeus ardosiaceus 408
– reevei 431
– rufiventris 659
– serranus 400, 408
– viscivorus 403, 660, 665, 673, 688
Turmfalk 613
Turnagra 450
turneri, Colius 339
Turnicidae 604, 680, 681, 715
Turnix 645, 647, 664, 713, 714
– suscitator suscitator 250
Turteltaube 281, 606
Turtur chalcospilos volkmanni 289
turtur, Pachyptila 195, 198
–, Streptopelia 288, 606, 646
tuta, Halcyon 343, 358
Tychaedon 403
Tylas eduardi 696
typhoeca, Porzana 255
typicus, Gymnogenys 232
typus, Gymnogenys 232, 714
–, Polyboroides 232
Tyrannen 367, 368, 664, 668
Tyrannidae 367, 368, 375, 428, 470, 679, 680, 681, 682, 715
Tyranniden 664, 677
tyrannina, Cercomacra 365, 366
Tyranninae 368
Tyranniscus 370, 373, 428
– australis 428
Tyrannopsis luteiventris 427
Tyrannus 368, 369, 371, 372, 665
– cubensis 371
– forficatus 369, 371
– melancholicus 691
– savana 369
– – savana 371
– tyrannus tyrannus 371
tyrannus, Muscivora 369, 371
–, Spizaetus 223, 230, 353
–, Tyrannus 371
Tyto 604, 641, 647
– alba 647
– – affinis 320
– – guttata 320
– – hellmayri 321
– – punctissima 321
– – stertens 320, 321
– capensis capensis 320
– nigrobrunnea 356
– novaehollandiae 320
– tenebricosa tenebricosa 320
Tytonidae 320

ugandae, Agapornis 300
Uhu 610, 704
ultramarina, Aphelocoma 689
–, Vini 293, 355
umbretta, Scopus 692
umbrinus, Thryothorus 397
unappendiculatus, Casuarius 182
unchall, Macropygia 288
uncinatus, Chondrohierax (recte Parabuteo) 221, 224, 225, 353
undata, Sylvia 646, 673
undulata, Capella 265
–, Guadalcanaria 435
–, Phylidonyris 434, 435, 457
undulatus, Crypturellus 185, 186, 680, 684, 696
–, Melopsittacus 605
unicinctus, recte uncinatus, Parabuteo 220, 225 (statt Chondrohierax), 229
unicolor, Apus 468
–, Myadestes 405
–, Sturnus 647
unirufus, Lipaugus 376
ungugaensis, Terpsiphone 423
unwini, Caprimulgus 328
Upucerthia 362
– albigula 361
– andaecola 362, 426
– ruficauda 362
– validirostris jelskii 362
– – pallida 361
– – validirostris 362
Upupa 599, 605, 637, 641, 647, 669, 685
– epops 305, 673
Upupidae 650
Uragus 668, 681
Uralauerwild 702
uralensis, Strix 321, 324, 647, 696
uraniae, Rhipidura 425
Uratelornis chimaera 344, 358
urbica, Delichon 384, 646, 669
Uria 259, 608, 641, 647, 660, 661, 665, 666, 667, 671, 672, 673, 686, 689, 694, 704, 709, 710
– aalge 673, 675
– – albionis 283
– – californica 283, 610
– – hyperborea 283
– – inornata 283
– – intermedia 282
– lomvia 610
– – lomvia 282

urile, Phalacrocorax 204
urinatrix, Pelecanoides 198
Uroaetus 220, 222, 668
Urocissa erythrorhyncha magnirostris 673
Urocynchramus pylzowi 448, 449, 457
Urodynamys 705
urogallus, Tetrao 594, 673
Urolais epichlora 412
Urolestes 682
Uromyias 428
Uropsila 396, 397
- leucogastra 398, 429
uropygialis, Sicalis 438
Urosphena 629
- pallidipes osmastoni 688
- - pallidipes 688
Urotriorchis macrourus 353
Urubitinga 668
urubitinga, Cathartes 219
Urubitornis 222, 229
Urvögel 650
usambarae, Alethe 472
ussheri, Chaetura 332, 356
ussuriensis, Bubo 323
-, Chloris 688
uvaeensis, Eunymphicus 301

vagans, Cuculus 306, 315, 356
-, Halcyon 669
valenciennesii, Xiphocercus 617, 698
validirostris, Upucerthia 361, 362
validus, Chrysocolaptes 352
-, Pachycoccyx 306, 314, 393
-, Pachyramphus 376, 377, 429
valisineria, Aythya 465
-, Nyroca 465, 605
Vanellus 647, 659, 667, 672, 689, 691
- gregarius 610
- vanellus 610, 673
vanellus, Vanellus 610, 673
Vangidae 395, 680, 696
vanrossemi, Polioptila 412, 416
varia, Grallaria 365, 366
variabilis, Eudynamys 191
-, Eudyptula 464
variegata, Sula 200, 201, 202
variegatus, Melittophagus 344
-, Merops 344
variolosus, Cacomantis 303, 304, 310
varius, Cuculus 303, 306, 309
-, Phalacrocorax 204
vassali, Garrulax 411
vastitas, Pterocles 284
vaughanii, Acrocephalus 413, 417, 430
velatus, Enicurus 685
-, Ploceus 311, 451, 673, 689
veliae, Contopus 428
velox, Accipiter 226
-, Geococcyx 318
venerata, Halcyon 343, 358, 469
venezuelensis, Molothrus 444, 446, 447, 689
-, Myiarchus 427
ventosus, Threnetes 333
ventralis, Amazona 297, 355
-, Buteo 353
-, Tribonyx 256, 659, 660, 681, 693
venusta, Nectarinia 682
venustus, Platycercus 605
Vermivora 686
- bachmanni 686
- chrysoptera 701
- pinus 701
- superciliosa palliata 442
- - superciliosa 442
vernans, Treron 285
verreauxi, Leptotila 290
verreauxii, Aquila 223, 231
verrucosus, Phalacrocorax 204, 205
versicolor, Psitteuteles 291, 605
-, Quiscalus 447
versicolurus, Brotogeris 669
verticalis, Eremopterix 381
-, Nectarinia 682, 693
vesper, Rhodopis 338
vespertinus, Falco 235
vestita, Collocalia 330, 331, 356
vestitus, Eriocnemis 337, 357
vetula, Larus 274
-, Ortalis 241
vexillarius, Macrodipteryx 327
-, Semeiophorus 327, 330
victoria, Menura 378
victoriae, Lamprolia 415, 420
-, Lesbia 337
Vidua larvaticola 458
- raricola 457
Viduinen 450
vieilloti, Mellisuga 338
-, Sphecotheres 313
-, Tangara 440
vigil, Rhinoplax 358
viguieri, Dacnis 457
villosus, Mallotus 271
vinaceigula, Egretta 208
vincenti, Mirafra 380
Vini peruviana 293, 355
- ultramarina 293, 355
violacea, Musophaga 301, 302
-, Nyctanassa 210
violaceus, Centropus 302
-, Trogon 340
violiceps, Amazilia 336, 357
vipio, Grus 250
virens, Contopus 428
-, Hemignathus 443

–, Viridonia 443
Vireo 664, 686
– atricapillus 686
– caribaeus 443, 444
– solitarius repetens 444
Vireonidae 443, 651, 664, 680
virescens, Phylloscartes 428
–, Pseudoleistes 444
virgata, Sterna 277, 278
virgatus, Accipiter 222, 227
virginianus, Bubo 322, 468
–, Colinus 245, 246, 626, 709
viridanum, Todirostrum 428
viridanus, Lyrurus 242
viridicauda, Elaenia 370
viridifrons, Amazilia 336
viridigularis, Gavia 191
viridipallens, Amazilia 357
–, Lampornis 336
viridis, Ailuroedus 684
–, Calyptomena 657
–, Leptopterus 395
–, Picus 612
–, Psophia 251, 354
–, Terpsiphone 305, 423, 425
–, Trogon 340
Viridonia virens stejnegeri 443
– – virens 443
viscivorus, Turdus 403, 660, 665, 673, 688
vitellinus, Ploceus 689
Vitia 412
– ruficapilla 680
vitiensis, Pachycephala 431
vittata, Pachyptila 195, 198
–, Sterna 277, 278
vittatus, Heterotrogon 340, 357
–, Lanius 394
vocifer, Burhinus 267
vociferans, Lipaugus 376, 377
vociferoides, Haliaeetus 231, 353
vociferus, Caprimulgus 328, 685, 686
–, Charadrius 261
voeltzkowi, Saxicola 402, 406
Volatinia 438, 605
– jacarini 692
– – peruviensis 438
volgae, Luscinia 404
volkmanni, Turtur 289
vulcanorum, Tachybaptus 192
vulgaris, Sturnus 453, 454, 647, 671
vulpina, Cranioleuca 363
vulpinus, Buteo 228
Vultur 603

Wacholderdrossel 670
Wachteln 242, 630, 636, 667
wagae, Phaeomyias 370, 373
wagleri, Melanerpes 351
–, Psarocolius 369
wagneri, Amazilia 336
wahlbergi, Centropus 320
waiti, Penthoceryx 304, 310, 315
waldeni, Actinodura 430
Waldfalken 233
Waldhühner 642, 713
Waldkauz 321, 617, 628, 636
wallacii, Todopsis 415, 419
wallicus, Pezoporus 301
Wanderfalken 237, 238
Wasseramseln 676
Wasserhühner 604
Wasserpieper 387
Wasserratten 604
Wasservögel 604, 633
waterstradti, Prionoturus 299
watkinsi, Grallaria 427
watsonii, Otus 322, 356
webbiana, Paradoxornis 685
–, Suthora 679
Weber 664, 683, 710
Weberfinken 702
websteri, Sula 200
Weihen 220, 684
Weinbergschnecke 206
Wendehals 654
werae, Motacilla 386
Wespenbussard 220, 604
westermani, Lorius 299
westralasiana, Halcyon 342
wetmorei, Rallus 354
whiteheadi, Collocalia 330
Widahvögel 702
Wiesenschmätzer 605
wilkinsoni, Rallus 254
willcocksi, Indicator 358
willisi, Habia 441
wilsonia, Charadrius 262
wimani, Struthio 179
woodfordi, Nesoclopeus 254, 354
–, Rallus 254
woodi, Lalage 388
woosnami, Alethe 401, 404
–, Cisticola 413, 418
worcesteri, Anous 280
–, Loriculus 301
Würger 393, 664
wyatti, Asthenes 426
–, Thripophaga 426

xanthogonys, Heliodoxa 357
xantholora, Amazona 297, 355
xanthomeria, Pionites 297
xanthomus, Agelaius 445
Xanthomyias sclateri sclateri 428

xanthonotus, Calyptorhynchus 294
xanthonura, Gallicolumba 290, 355
xanthoprymna, Oenanthe 406
xanthops, Amazona 298
–, Forpus 355
–, Ploceus 311
xanthopterus, Ploceus 689
xanthopygius, Chrysocolaptes 352
xanthorhynchos, Chalcites 304, 312, 316
xanthornus, Ammodramus 437
xanthoschistos, Seicercus 312
xanthoschistus, Phylloscopus 412
Xema sabini 271
Xenerpestes minlosi 431
Xenicus 368
Xenoglaux loweryi 356
Xenopirostris polleni 696
Xenopsaris 368
– albinucha albinucha 373, 374
xenopterus, Laterallus 354, 467
xenothorax, Leptasthenura 426
Xenotriccus 369
– mexicanus 372
Xenus 646
Xiphocercus valenciennesii 617, 698
Xipholena atropurpurea 376, 377
– punicea 376, 377
Xiphorhynchus flavigaster 431
– – ascensor 361
– – eburneirostris (streichen, Kiff briefl.) 361
– – flavigaster 360, 426
– – saltuarius 361
– – tardus 360
– guttatus costaricensis 360
– lachrymosus lachrysomus 361, 426
Xolmis 668
– irupero irupero 368
– rubetra 427
– rufipennis 427

yapura, Crypturellus 186
yarrellii, Eulidia 338, 357
yessoensis, Emberiza 435
Yetapa 369, 371
yorki, Chlamydera 455
–, Megapodius 240
ypiranganus, Emberizoides 457
yucatanensis, Piculus 349
yucatanica, Cissilopha 667, 674, 682, 683
yucatanicus, Otophanes 325, 327, 356
Yuhina occipitalis 411

Zahntaube 285, 291
zalepta, Treron 285
zambesiana, Erythropygia 400, 403
Zanclostomus javanicus pallidus 318
Zapornia 255
Zaratornis stresemanni 376, 377, 428
Zarhynchus 705
Zaunkönige 307, 313, 411, 683, 691, 699
Zeisig 701
zeledoni, Chlorospingus 457
–, Thryothorus 397
Zenaida 654, 688
– aurita zenaida 288
– galapagoensis galapagoensis 288
zenaida, Zenaida 288
Zenaidura auriculata hypoleuca 288
– macroura marginella 288
zenkeri, Accipiter 227
–, Anthus 386
–, Melignomon 358
zeylonica, Nectarinia 310
Ziegenmelker 325
Zikade 219
Zimmerius 370, 374, 428
zimmermanni, Thalasseus 354
Zistensänger 411
Zitronenzeisig 701
zonaris, Streptoprocne 331
zonarius, Platycercus 301
Zonerodius 206
Zonibyx modestus 673, 675
Zonotrichia 605, 681
– capensis 673
– – peruviensis 437, 444, 447
Zoothera aurea 673
– cameronensis 430
– dauma 660, 673
– gurneyi gurneyi 472
– kibalensis 430
– naevia 681
– princei batesi 402, 406, 430
– tanganjicae 429
Zosteropidae 434, 661, 679, 680, 685, 715
Zosterops 347, 651, 660, 671, 672, 685, 715
– erythropleura 434
– senegalensis eurycricota 434
zosterops, Hemitriccus 428
–, Idioptilon 428
Zwergadler 466
Zwergfalken 233, 676
Zwerghaushühner 245
Zwergsäger 703
Zwergtaucher 692

Satzfehler und Berichtigungen

Bd. I, S. 70. Oceanodroma 1. leucorrhoa, Eibreite geht statt von 22–22,5 mm: 22–26,5 mm
Bd. I, S. 99. Ciconia nigra Eilänge geht statt von 70–72 mm: 60–72 mm
Bd. II, S. 960, statt quixensis, Myrmotherula: quixensis, Microrhopias (siehe S. 38, 15. Zeile)
Bd. III, S. 855, statt querula, Sporophila: querula, Zonotrichia (siehe S. 191, 14. Zeile und S. 241, 3. Zeile)
Bd. IV, S. 77, 9. Zeile von unten und S. 149, 8. Zeile, statt Bailey, S: Shore-Baily, W. (siehe S. 564)
Bd. IV, S. 165, 23. Zeile links, statt Dromceius: Dromiceius
Bd. IV, S. 165, 26. Zeile links, statt Drycocopus: Dryocopus
Bd. IV, S. 187 in der Tabelle, statt Rg: RG
Bd. IV, S. 218, 8. Zeile, statt ferrugines: ferruginea
Bd. IV, S. 225, 9. Zeile, statt Chondrohierax: Parabuteo
Bd. IV, S. 231, 18. Zeile, statt limnogaster: limnaeetus
Bd. IV, S. 249, 17. Zeile von unten, statt gallinago: gallopavo
Bd. IV, S. 306, 9. Zeile, statt leucopygia: leucopygius
Bd. IV, S. 313, 9. Zeile, statt sepiaria: sepiarium
Bd. IV, S. 317, 11. Zeile von unten, statt erythropygius: erythropygus
Bd. IV, S. 345, 3. Zeile, nach Chicago: Rasse anchietae von Angola (Willard, Chicago 1987)
Bd. IV, S. 345, 8. Zeile, statt 0,21 g: 0,21 mm
Bd. IV, S. 347, 26. Zeile, statt superciliosus: superciliaris
Bd. IV, S. 353, 8. Zeile, statt leucolopha: leucolophus
Bd. IV, S. 358, 2. Zeile, statt tutu: tuta
Bd. IV, S. 358, 3. Zeile, statt Tanygnathus: Tanysiptera
Bd. IV, S. 360, 12. Zeile, statt striaticeps: striaticollis
Bd. IV, S. 361, 4. Zeile, eburneirostris streichen, brieflich L. Kiff, 1988
Bd. IV, S. 374, 9. Zeile, statt weitere Eier: 3 weitere Eier
Bd. IV, S. 400, 10. Zeile, statt koslowa: koslowi
Bd. IV, S. 406, 15. Zeile von unten, statt pileata: picata
Bd. IV, S. 407, 19. Zeile von unten, statt haringtoni: harrisoni
Bd. IV, S. 421, 18. Zeile, statt Mayornis: Mayrornis
Bd. IV, S. 440, 8. Zeile von unten, statt ruficauda: rufigula
Bd. IV, S. 444, 8. Zeile, statt fulvicapillus: ruficapillus
Bd. IV, S. 453, 18. Zeile von unten, statt afra: afer
Bd. IV, S. 467, 21. Zeile hinzufügen: Laterallus ruber
Bd. IV, S. 471, 7. Zeile von unten, statt 268: 286
Bd. IV, S. 522 bei Keith, S., zufügen: Diese Eier von Sarothrura wurden von mir vergessen.
Bd. IV, S. 523, 18.–19. Zeile von unten streichen; 14. Zeile von unten, statt (z. IV N zu S. 145): (z. I N zu S. 92; IV N zu S. 145, bei Ohlendorf u. a.)
Bd. IV, S. 551, 6. Zeile von unten, statt birds: avian
Bd. IV, S. 589, 32. Zeile, statt Wanderungsweise: Wanderungsweite
Bd. IV, S. 630 Legende Tafel 6, nach Pelikan- einfügen, Flamingo-
Bd. IV, S. 682, 10. Zeile, Psarocolius streichen
Bd. IV, S. 682, 11. Zeile nach decumanus: ohne Psarocolius
Bd. IV, S. 689, 24. Zeile, Komma zwischen cucullatus abyssinicus

Hinweise für den Buchbinder

Max Schönwetter
Handbuch der Oologie

Die Lieferungen 1–13 bilden den Band I;
die Lieferungen 14–27 den Band II;
die Lieferungen 28–40 den Band III und
die Lieferungen 41–47 den Band IV.

Für die Bände I–IV gibt es Original-Einbanddecken,
die direkt über unsere Auslieferung
VCH Verlagsgesellschaft mbH
Boschstraße 12
D-W-6940 Weinheim
zu beziehen sind.

ISBN 3-05-501503-7

FSC
www.fsc.org
MIX
Papier | Fördert gute Waldnutzung
FSC® C083411

Zeitfracht Medien GmbH
Ferdinand-Jühlke-Straße 7
99095 Erfurt, Deutschland
produktsicherheit@kolibri360.de